U0155831

第四国土

地下空间与未来城市

易荣◎著

中央党校出版集团

国家行政学院出版社
NATIONAL ACADEMY OF GOVERNANCE PRESS

图书在版编目（CIP）数据

第四国土：地下空间与未来城市 / 易荣著 . — 北京：国家行政学院出版社，2023.10

ISBN 978-7-5150-2732-6

Ⅰ . ①第… Ⅱ . ①易… Ⅲ . ①城市空间－地下工程－空间利用－研究 Ⅳ . ① TU94

中国版本图书馆 CIP 数据核字（2022）第 237683 号

书　　名　第四国土——地下空间与未来城市
DI-SI GUOTU——DIXIA KONGJIAN YU WEILAI CHENGSHI

作　　者　易　荣　著

责任编辑　王　莹　马文涛

出版发行　国家行政学院出版社
（北京市海淀区长春桥路 6 号　100089）

综 合 办　（010）68928887

发 行 部　（010）68928866

经　　销　新华书店

印　　刷　中煤（北京）印务有限公司

版　　次　2023 年 10 月北京第 1 版

印　　次　2023 年 10 月北京第 1 次印刷

开　　本　145 毫米 ×210 毫米　32 开

印　　张　9.5

字　　数　190 千字

定　　价　86.00 元

交通是现代城市的血脉。血脉畅通，城市才能健康发展。要在建设立体化综合交通网络上下功夫，在充分利用地下空间上下功夫，着力打造一个没有“城市病”的未来之城，真正把高标准的城市规划蓝图变为高质量的城市发展现实画卷。

——2023年5月10日习近平总书记在河北省雄安新区考察并主持召开高标准高质量推进雄安新区建设座谈会时的讲话

◉ 推荐序一

地下空间是当代城市发展的战略空间，部分学者将地下空间提升至领土、领空、领海之后的“第四国土”的高度加以认识。随着城市的快速发展和工程技术的进步，地下空间的开发利用将进入土地深度开发、设施高效融合、信息化同步展开的全面建设阶段，各国都致力于打造功能齐全、生态良好的立体化城市。

近现代以来，西方国家首先开始探索城市地下空间的利用。当前西方国家的城市地下空间使用有以下几个特点：一是交通化，主要用于建设地铁、地下高速公路、地下停车场等交通设施，以缓解地面交通拥堵，提高城市运行效率。二是商业化，通过建设地下街、地下商场、地下酒店等商业服务设施，以满足城市居民的新消费需求，增强城市中心的吸引力和活力。三是市政化，地下空间被广泛用于建设共同沟、供水系统、排水系统、垃圾处理系统等市政基础设施，以保障城市的正常运行和环境质量。四是文明化，地下空间也被广泛应用于建设图书馆、展览中心、体育馆、音乐厅等文化体育教育设施，以丰富市民精神文化生活，提升城市的文明形象，这种发展思路一直是我们参考借鉴的对象。当然，西方国家在地下城市发展过程中也暴露出很多的管理问题、技术问题、经济问题、社会问题和环境问题，这些殷鉴不远，值得我们深刻反思。

中国式现代化城市建设与地下空间之间有着密切的联系。一方面，地下空间的开发利用可以为中国式现代化城市建设提供更多的空间资源和更高的空间效率，满足城市化进程中人民对美好生活的需要，促进经济社会高质量发展。另一方面，中国式现代化城市建设也要求在开发利用地下空间时充分考虑生态环境保护和安全风险防范，实现人与自然、人与社会和谐共生，避免重复西方现代化道路上走过的弯路。目前，我国城市地下空间开发利用量居世界首位，但与经济和社会发展的需求相比，与国外发达国家或地区开发利用水平相比，尚存差距，需要加强对城市地下空间的规划设计、政策法规、安全管理等方面的研究和探索。

易荣同志的这部新著是他对城市地下空间领域长期深耕研究的总结。这部著作对近现代以来中西方地下空间的发展历程进行了系统梳理，保持了历史叙事的客观公正性和学术严谨性。同时，它回应时代的关切和社会的需求，以鲜明的全球视角和本土立场，审视和评价中国城市地下空间发展面临的机遇与挑战，在城市地下空间与城市高质量发展关系、城市地下空间与我国“双碳”方针关系、地下空间开发利用面临的主要问题、未来城市地下空间畅想等方面提出了很多建设性设想，是一部深入浅出的高质量学术专著，对推动我国城市地下空间研究的深入发展具有重要意义。

杨华勇

中国工程院院士

十四届全国政协常委

浙江大学工学部主任

2023年3月28日

◉ 推荐序二

当我们谈及国土，大家脑海里通常浮现的是我国幅员辽阔，有约960万平方千米的陆域面积，这是一个二维的认识。如果说到国土空间，大家就有了一个立体的形象，不仅仅是地表，也包含地上的空间和地下的空间，我们的认识就增加了一个维度，成为三维的认识。如果我们说到国土空间规划，那就要研究其历史演进过程、调研其现状问题、研判其未来的发展，这样我们的认识就又增加了一个时间的维度，成为四维的认识。这本关于国土的新书，介绍对地下空间和未来城市的研究和思考，正是拓展我们以往的二维空间，进入四维认识的一个新颖的引导。

国土空间的规划当然不能局限在二维的思维上，我们需要建构一个包含时间维度的立体空间概念。回顾人类社会的发展和科学技术的进步历程，远古时代人类走出丛林和洞穴，到今天逐步建立起了适合自己生存发展的人居环境系统和以城市为核心的发展模式。然而，这个系统还有很多不完美的地方，我们的城市依然脆弱，依然面临很多挑战。展望未来，地下空间的开发利用将成为未来城市应对挑战的重要手段之一。

地下空间不仅蕴藏着矿产、能源等宝贵的自然资源，也是人居环境建设的重要空间资源，值得大力开发。地下市政基础设施、地下交通、地下存储等已经越来越多地成为提升城市品质、改善城市环境、提高城市效能的空间开发利用手段，但地下空间的价值还远没有得到充分挖掘。当前，我们大规模开发建设地下空间的工程技术能力还非常有限，支持地下空间开发建设和综合利用的政策法规、技术标准等也需要不断完善和创新。

作者以未来的角度，给了我们一个重要的启发，让我们认识地下空间的价值及其在未来城市中的作用，希望未来能够用四维的国土空间认识，通过“第四国土”的空间规划推动地下空间的开发利用，保障我们的城市更可持续地发展，迎接更加美好的未来。

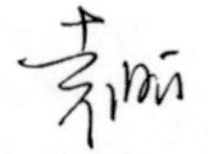

中国城市规划协会副会长
北京清华同衡规划设计研究院
有限公司院长
2023 年 4 月 3 日

目 录

第01篇

地下空间
——我们的『第四国土』

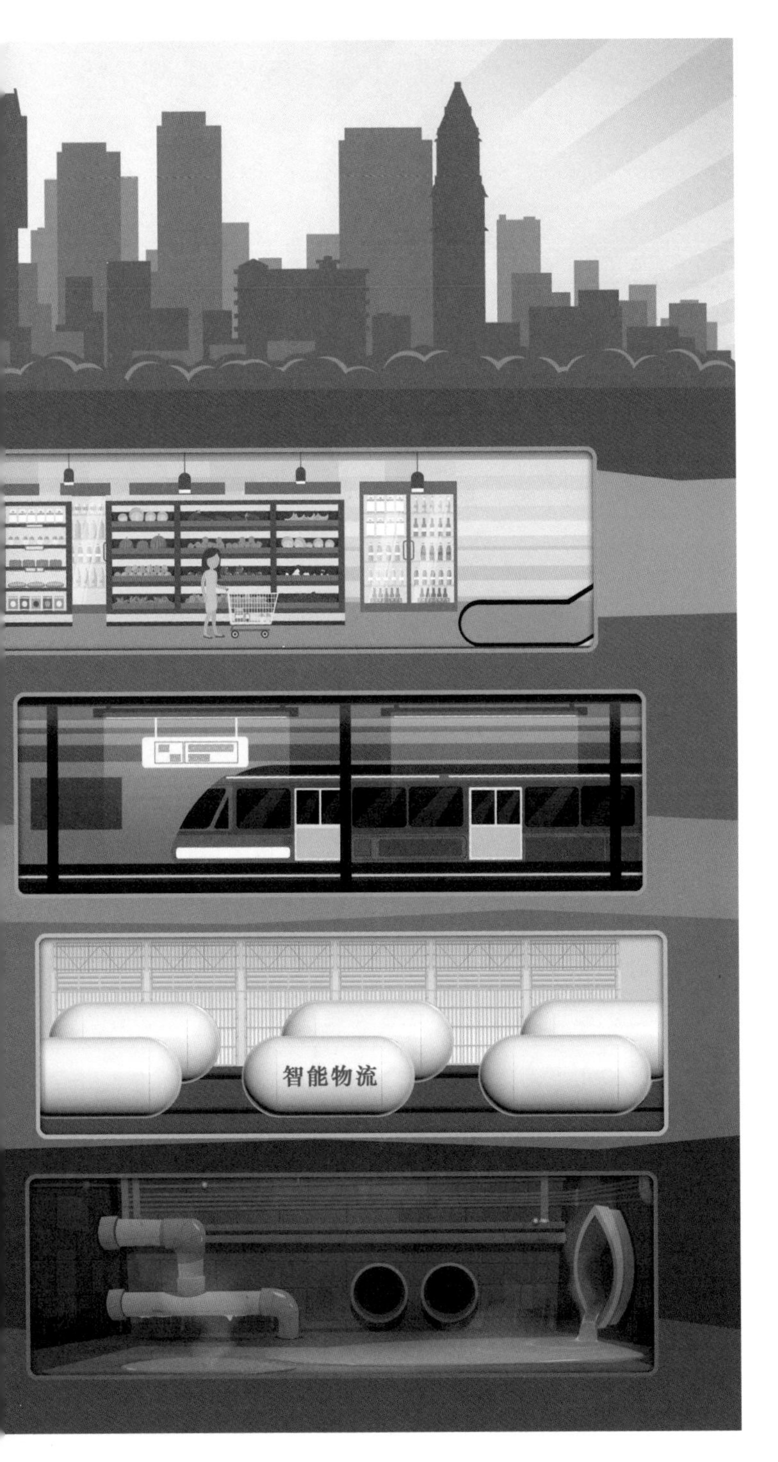

导语

我们对科幻电影《流浪地球》印象深刻：在未来的某一天，人们为了躲避太阳氦闪带来的毁灭性灾害，决定让地球逃离太阳系。地球停止自转后，地表变成了“地狱”，为了躲避零上70多摄氏度的高温和零下100多摄氏度的严寒，人们在地表以下500米的深处，建造了一座座恢宏庞大的地下城，以满足人类的生存和生活需要。

当今世界，人类也在不断尝试兴建地下城。也许有人会问，科幻作品中建造地下城是因为到了“世界末日”，如今我们的地球还没到那个时刻，为什么要往地下发展？在地面上享受阳光不好吗？

现实是，伴随着人类社会的蒸汽技术革命和电力技术革命，工业化使生产力水平得到前所未有的提高，在人口迅速增长、城镇化加速的同时，也带来了土地紧缺、城市交通拥堵、环境污染导致的气候恶化、自然和人为灾害频发、不可再生能源日渐紧缺等挑战。

面对如此严峻的形势，我们该做些什么？作为“第四国土”的地下空间，显然是解决这些巨大挑战的优选项。

2016年，习近平总书记在全国科技创新大会上提出：“向地球深部进军是我们必须解决的战略科技问题。”

20世纪下半叶，伴随着计算机及信息技术革命，人类进入科技时代。科学技术的进步，使我们具备了探索和开发地下空间的条件，地下空间将是我们实现“宜居、绿色、韧性、智慧、人文”城市更新发展五大目标的重要载体。

我们从太空俯瞰地球，它被包裹在大气之中，神秘而美丽。

变幻的云团、蔚蓝的大海、连绵的山脉、茂密的森林、广袤的平原、无垠的沙漠……这些给我们视觉带来巨大震撼和冲击的景物，组成了地球的自然之美，这种美丽，在地质学中，被划分成地球内、外两个圈层。外部圈层又可进一步划分为三个基本圈层，即大气圈、水圈、生物圈；内部圈层可进一步划分为三个基本圈层，即地壳、地幔和地核。地壳和上地幔顶部（软流层以上）由坚硬的岩石组成，合称岩石圈。

岩石圈承载着地球数亿年来的时空演变痕迹，同样壮丽多姿和神秘莫测，多圈层间的相互耦合，与地核一起组成了地球复杂的圈层系统，它们相互作用、相互联系，维系地球能量交换，万物在其中孕育生长，其中，包括我们人类。

距今大约300万年前，猿人学会了直立行走，人类进入了旧石器时代。这个时期，原始人生活在天然岩洞中，并能制造简单的石质工具。

距今大约一万年前，人类进入新石器时代[1]，开始使用更精细的磨制石器，有了一定的生产力，原始农业和畜牧业出现，同时，人类开始简单地对居住环境进行改造，掘土穴居。

大约在公元前3150年，世界上第一个奴隶制国家在古埃及诞生，人类进入阶级社会。随着等级制度的出现和生产力提高，统治者得以御使更多的劳动力修建各种宏伟的建筑，包括地下设施。

到了18世纪60年代，工业革命创造出巨大生产力，人类社会从此产生大量的工业聚集，城市兴起，人口快速增长，人们生活方式和思想观念发生巨大的改变。高楼林立，马路纵横，各种交通工具、生活设施更新迭代。然而，随着城市快速发展和扩张，给我们的生产生活空间带来了前所未有的挑战和负面影响。

---

① 新石器时代：从距今一万多年前开始，直到距今四五千年结束，是原始社会氏族公社制由全盛到衰落的一个历史阶段。它以农耕和畜牧的出现为划时代的标志，表明已由依赖自然的采集渔猎经济跃进到改造自然的生产经济。

粮食安全和土地资源挑战

2022 年 11 月 15 日，联合国宣布世界人口数量达到 80 亿人。其中，我国现有人口数量为 14.12 亿人，预计到 2050 年，全国人口数量将达到 16 亿人。人口增长形成的最直接的压力是对粮食的需求，而为了保持粮食供求关系的平衡，必须有足够的可耕种土地为基础。

我国实行了最严格的耕地保护制度，但从接连两次的全国土地调查情况来看，不容乐观。第二次全国土地调查数据显示，我国耕地从 2009 年的约 20.3077 亿亩（1 亩 =666.667 平方米）减少至 2016 年的约 20.2382 亿亩，减少耕地面积约为 695 万亩。第三次全国国土调查数据显示，我国耕地 2019 年约为 19.1793 亿亩，与 2016 年相比，又减少了约 1.06 亿亩。我们的耕地面积正以罕见的速度在减少，相当于一年减少一个北京！

虽然我国耕地资源总量居世界第四位，但人均耕地资源量仅为世界平均水平的 40% 左右，全国约 1/3 县的耕地面积低于联合国确定的人均 0.8 亩的警戒线，有 463 个县低于0.5亩每人[①]。按较低的粮食消费标准计算（600千克每人年），在保持18亿亩耕地不再减少的前提下，远远达不到未来人口增长对粮食自给自足的需求。

耕地资源安全关乎粮食安全，如果不加以严格地控制和保护，18亿亩耕地红线很快会被突破，将会影响14亿多中国人的吃饭问题，甚至民族生存与发展。

近十年我国耕地减少的主要原因除农业结构调整、国土绿化外，还有城市发展所需的基础设施用地。城市发展用地主要来自对耕地的占用，虽然在总量上比重并不太大，但绝对值高，对保持18亿亩耕地红线的要求是个很大的威胁。

2010年我国城镇常住人口数量为6.6978亿人，至2022年达到了9.2071亿人，10多年间增长了2.5093亿人，这意味着需要大量的土地来容纳不断增加的城市人口。

随着城镇化建设的持续推进，预计到2030年我国城镇化率将达到70%，城镇人口数量将接近10亿人，城市人口净增长近1亿人，以城市人均用地120平方米计算，还需要1.2万平方千米的土地满足城市发展需求。

虽然我国19个重点城市群建设用地总体潜力充足，但发达城市群核心城市开发程度大，多数城市开发强度超过国际宜居生态城市临界值，而公共服务设施用地比例

---

① 童林旭：《地下空间与城市现代化发展》，中国建筑工业出版社，2005，第39页。

低于国家标准。从我国当前几个大城市的发展来看，扩大城市空间容量的需求与城市土地资源紧张的矛盾，已经从一线城市蔓延到多个发达城市，而且这种矛盾愈演愈烈。[①]

如 2000 年，北京市建成区面积约为 490.11 平方千米，2020 年城市建成区面积约为 1469 平方千米，增加近 2 倍；2000 年，深圳城市建成区面积约为 660 平方千米，2020 年城市建成区面积约为 956 平方千米，增加约 45%。

而城市土地资源紧缺最为显著的负面效应表现为房价持续飙升，尤其一线城市房价居高不下。高房价会严重影响城市居民生活质量及幸福指数，进而引申出逃离"北上广"大城市的社会热点话题[②]。

"大城市病"挑战

随着大城市汽车保有量的大幅增加，导致大城市城区车流量急剧增加，引起严重的交通堵塞状况。同时，因城市整体空间布局的不合理性，引起城市居民工作与居住的长距离分离，出现典型的潮汐早晚高峰状况，进一步加剧城市交通承载困难。

据国家统计局统计，截至 2021 年 12 月，我国民用汽

---

① 雷升祥、申艳军、奚家米等：《城市地下空间开发利用现状及未来发展理念》，《地下空间与工程学报》2019 年第 4 期。

② 同上。

车拥有量为2.94亿辆，其中，私人汽车拥有量达2.61亿辆。据公安部数据统计，截至2022年6月底，全国有81个城市的汽车保有量超过100万辆，37个城市超过200万辆，20个城市超过300万辆，部分城市汽车保有量年平均增速超20%。在城市有限道路交通网前提下，极易出现交通拥塞状况。大多数特大型、大型城市高峰交通拥堵延时指数[①]均在2以上，大城市交通拥堵现象极为显著。

与交通拥堵伴生的停车难问题，一直以来是我国城市交通"顽疾""通病"，二者像一对孪生连体兄弟一样胶着难解，相互联系并不停转化。据调查和统计，国内许多城市普遍存在路内停车比重偏大现象。路内停车占用了大量人行道、非机动车道，严重影响道路通行能力，容易导致行人、非机动车与机动车抢道，交通秩序混乱，交通事故多发的局面。这种现象，在北京、上海等城市很常见。目前，大部分城市单一依靠地面采取措施已经无法解决停车难问题。

自然和人为灾害挑战

我国城市面临的主要自然灾害是地震、洪灾、台风，

---

① 交通拥堵延时指数：一些城市根据道路通行情况，设置的综合反映道路网畅通或拥堵的概念性指数值，它相当于把拥堵情况数字化。拥堵就表示我们将延时到达目的地，所以我们也常把"交通拥堵指数"说成"交通拥堵延时指数"。计算公式：交通拥堵延时指数 = 拥堵时期所花费时间 ÷ 畅通时期所花费时间。

▶ 城市“沉疴顽疾”——交通拥堵

这些灾害严重冲击城市运营功能。

我国位于环太平洋地震带与欧亚地震带交界处，是世界内陆地震频率最高、强度最大的国家之一，国内地震带分布广泛，几乎所有省区都有历史上发生强震的记录。从地震烈度来看，我国基本地震烈度 6 度以上的面积有 60%，基本地震烈度7度以上的城市约有50%[①]，有近一半的城市和许多重要矿山、工业设施、水利工程面临地震的严重威胁。

自古以来，洪灾就在我国频繁发生，特别是近10多年来，受全球气候变化和城镇化快速发展导致的热岛效应、雨岛效应的双重影响，区域暴雨中心逐渐向城镇化地区转移，尤其在我国东部和中原地区经济发达的城市群，突发性、短历时、高强度的暴雨频次和强度趋于增多增强。据水利部统计，2010—2016年，我国平均每年有超过180座城市发生内涝。2012年7月21日，北京市遭受了61年来最强降雨；2016年7月6日，武汉市暴雨洪涝灾害造成全市12个区受灾；2021年7月20日，河南省遭受千年一遇的罕见极端暴雨天气。逢大雨必涝，逢涝即成灾，已经成为我国大多数城市的真实写照。毫无疑问，城市内涝问题已成为城市安全发展的"绊脚石"。

我国是世界上受台风影响最严重的国家之一。近年来，东南沿海和华南地区遭受台风造成的灾害损失惨重。如2018年山东烟台遭受台风"温比亚"侵袭，造成38人死亡，直接经济损失超过270亿元。同年，广东的广州、汕尾等地也遭受台风"山竹"重创，造成4人死亡，超过800万人受灾，经济损失超过100亿元；2019年，台风"利奇马"

---

① 黄强兵、彭建兵、王飞永等：《特殊地质城市地下空间开发利用面临的问题与挑战》，《地学前缘》（中国地质大学［北京］；北京大学）2019年第3期。

暴雨导致的城市内涝

袭击浙江，造成 7 人死亡，约 273 万人受灾，直接经济损失达 169 亿元；2020 年，台风“玛瑙”重创海南三亚，造成 4 人死亡，超过 84 万人受灾，直接经济损失达 39 亿元。频繁的台风灾害侵袭，给人民生命财产和区域的城市建设带来了巨大的威胁和挑战。

可见，我们的城市面临多种自然灾害的威胁，城市安全没有充分保障。

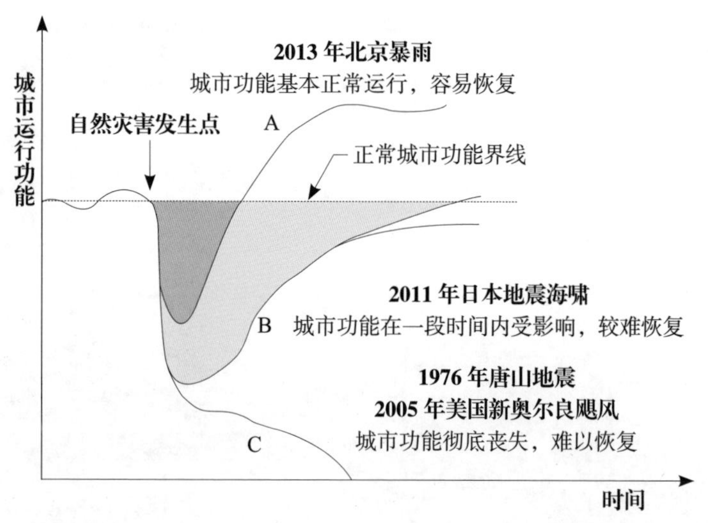

▶ 冲击城市韧性的各类灾害

气候和环境挑战

人类为了自身的发展需要，不断改变环境。日益增长的物质需求，驱使我们制造了大量的工业品。随着科技的进步、生产力的发展，人类在享受繁荣、富足的同时，也品尝了自己亲手种下的苦果——生态失衡和环境污染日趋严重。

近年来，诸如沙漠化（或称荒漠化）、臭氧层流失、全球气候变暖、极端气候灾害频发等词汇，人们已耳熟能详。对居住于城市中的人们来说，水污染、土壤污染仍然困扰着他们，生产、生活产生的废气造成的空气污染，更是让人们无法“深呼吸”，雾霾、酸雨、沙尘暴已经严重影响很多城市居民的正常生活。城市环境的污染十分严重，传统的城市发展模式已经没有能力解决这一问题。

因此，要实现城市的高质量可持续发展，必须尽最大努力，采取有效措施治理环境污染和节约土地、水、能源等资源，使城市向高效、低耗、清洁、舒适的方向顺利发展。

雾霾包围下的城市生活

能源挑战

能源对于人类生存与发展的重要性，以及城市对能源的依赖，是显而易见的。

到目前为止，我们常用的能源多为不可再生的化石能源，主要是煤、石油和天然气，它们会随着消耗的增长而日益减少，直至枯竭。

根据《BP 世界能源统计年鉴》[①]，截至 2020 年底，全球石油探明储量 2444 亿吨，储采比 53.5 年；全球天然气探明储量 188 万亿立方米，储采比 48.8 年；全球煤炭探明储量 10741 亿吨，储采比 139.2 年。

同时，该年鉴显示，我国石油探明储量为 35.42 亿吨，占全球比重 1.45%，居第 13 位；天然气探明储量为 8.40 万亿立方米，占全球比重 4.47%，居第 6 位；煤炭探明储量 1431.97 亿吨，占全球比重 13.33%，居第 4 位。

虽然我国煤炭储量较多，但因年开采量高达 38 亿吨，仅可供开采 37 年左右，相比其他国家的煤炭储采比非常低。比如，美国已经探明煤炭储量高达 2489.41 亿吨，可供开采 353 年；俄罗斯已探明煤炭储量为 1621.66 亿吨，可供开采 415 年；澳大利亚已探明煤炭储量是 1502.27 亿吨，可供开采 300 年。

其他能源，如核能、水能、风能、地热能、太阳能、潮汐能等，在能源构成中的比重都较小，只有在部分国家和地区，核能和水能利用的比重较大。

---

① 《BP 世界能源统计年鉴》（*BP Statistical Review of World Energy*），原名《BP 世界石油统计年鉴》，英荷壳牌石油公司编撰的能源统计年鉴，1952 年首次发布时为《1951 年的石油工业：统计年鉴》，1981 年改为现名。该年鉴是能源经济学领域广受推崇且具权威性的报告之一，每年 6 月定期发布新一年的年鉴报告，提供关于世界能源市场的优质、客观且全球标准化的数据，是媒体、学术界、各国政府和能源企业的必备参考年鉴。

20 世纪 70 年代以来全球一直处在能源危机之中，中、美、欧等世界主要经济体都受到了较为强烈的冲击。因此，出路只有两个：一是节约使用，降低能耗；二是开发利用新能源。这也是在建设未来城市中必须应对和解决的问题。

现代战争形态对人防设施的挑战

我国始终坚持在和平共处五项原则基础上发展同各国的友好合作，推动建设新型国际关系，推动构建人类命运共同体，弘扬和平、发展、公平、正义、民主、自由的全人类共同价值。但当前世界局势复杂动荡，霸权主义、单边主义依然盛行，战争根源并未消除，仍存在爆发战争的可能性。我们身处其中，也应未雨绸缪。

城市作战是现代战争的主要形式之一，随着经济社会的发展和城市化的推进，到 2040 年世界近 2/3 的人口将居住在城市里，城市而非要塞越来越成为军事斗争的焦点。城市是 21 世纪最有可能的战场，是未来作战的战争和战役重心。美军已高度关注城市隧道和地下基础设施环境中的作战，且正考虑将地下空间列为陆海空天网之后的第六个作战域。

国外公开资料显示，世界上许多国家为了预防战争，都在修建具有双重功能的地下人防设施，即战时防空，平时防灾及防突发事件。即使瑞士这样的中立国，也在大量修建地下人防工程，体量可容纳该国总人口的 85%。以色列修建的人防工程，更是可容纳该国全部人口。

改革开放以来，我国一直高度重视城市地下空间在开发利用中兼顾国防安全问题。

2020 年第七次全国人口普查显示，我国常住人口城镇化率为 63.89%，预计到 2030 年将达到 70%，对应的城镇人口数量近 10 亿人，由此 1000 万人口以上的特大城市、2000 万人口以上的超大城市将持续增加。我国当前地下空间的设防主要以人民防空为牵引，以防核武器、常规武器和生化武器打击为目的，并多以平战结合形式开发。随着战争形态的不断变化和军事技术的发展，我们未来面临的主要战争形态是信息化战争，核威慑依然存在，温压弹、高超音速武器等新型武器弹药将对地下空间构成严重威胁。

因此，贯彻国防安全战略与发展规划，改造和加强地下人防设施，深入实施军民融合发展战略，坚持人防设施建设与经济社会发展相协调，既要发挥人防设施的公共服务功能，又要发挥人防设施应急救援支撑功能，从国家发展和安全高度深刻认识人民防空工作的重要性，构筑好人民防空的“地下长城”，发挥地下资源潜力，形成平战结合的城市地下空间成为当务之急。

“土地财政”和粗放式发展困局

“土地财政”是指一些地方政府依靠出让土地使用权的收入来维持地方财政支出，属于基金预算收入，是地方财政收入的一种。"土地财政"制度由城市土地国有、征地拆迁补偿、国有土地"招拍挂"、土地用途管制、土地划拨制度、中央与地方分税制和中央地方事权划分等一系列规则共同构成。长期以来，一些地方政府将其当成发展地方经济的一种最有效的工具，城市土地收益成了最重要的经济发展来源，新区开发成为最主流的经济拉动方式。

1990—2019年，全国城市建设用地面积从1.1万平方千米激增至5.8万平方千米，全社会固定资产投资总额从不足0.5万亿元激增至56万亿元。20年间，房地产开发投资额所占比重总体呈上升趋势，2019年达到了23.57%的历史最高点，足见城市建设方式与房地产开发、经济发展方式与"土地财政"的捆绑日渐紧密。①

同样是2019年，我国常住人口城镇化率首次超过60%，已经步入城镇化较快发展的中后期。土地的超前开发与供给，使大量城市普遍形成了低质、低效开发的新城新区，正在成为地方政府的"负资产"。中国城市要走出一条内涵集约式高质量发展的道路，必须实现城市建设方式从大规模增量建设向存量提质改造和增量结构调整并重的转变。这种转变之难，难在中国近40年城市建设的整体机制都以扩张新建为主，面对已经到来并长久持续的存量提升形态准备不足。提升城市质量需要巨大的投入，甚至是国家投资拉动战略中最有需要、也最有效率的重点领域，

① 王富海：《城市更新行动》，中国建筑出版社，2022，第17—19页。

这是国民经济与社会发展的关键所在。

在扩张建设时期，国家对城市的投入，主要在基础设施开发和房地产开发两大领域进行，尤其是近 10 年围绕房地产业的资金链更成为宏观投资的重中之重，成为城市扩张式建设模式的核心引擎。进入内涵提质的新时期，去房地产化的政策体系基本形成，投放于城市的投资正在失去支点，必须寻找一种高效的“替代方式”承担国家持续对城市进行大规模投入的重任。没有这个“替代方式”，国家投资乡村振兴、新基建、城市群、基础创新的大战略就会因减少城市投资而严重失衡。这种“替代方式”，应放在以完善城市空间结构、推进新型城市基础设施建设、实施城市生态修复和功能结构完善、增强城市防洪排涝能力为着力点的城市更新行动中。

种种困局和挑战，威胁着城市可持续的发展，威胁着人类的生存，威胁着地球生态圈的平衡。长此下去，若干年后，我们将面临一个资源紧缺、生态失衡、能源耗尽、城市居住条件恶劣、环境严重污染的地球。

城市地下空间的开发利用，是解决快速发展的城市土地供给不足、提升城市安全韧性、化解城市重大风险挑战、优化国土空间开发格局和提高城市生态环境质量的重要举措与抓手。包括中国在内的许多国家，都在为之努力。通过实践检验，开发城市地下空间，实现城市由二维向三维拓展，已成为世界各国都认可的解决城市发展困局和挑战、提升城市空间品质的行之有效的重要手段之一。

地下空间就是我们的“第四国土”

提到国土，我们首先想到的是领陆、领水与领空[1]，但还有一类深藏于地下的空间，我们可以称之为——“第四国土”。

地下空间作为城市建设的国土资源，由于其具有地上空间无法替代的特点，而且资源开发潜力巨大，被视为人类迄今为止所拥有的、尚未被充分开发的自然资源之一。因此，从国土资源客观属性特征，以及缓解城市发展中的各种矛盾的宏观高度来认识、评价城市地下空间的战略地位，甚至于在提升国家综合国力方面的助力，把它作为领陆、领水和领空之补充的“第四国土”，当之无愧。

什么是地下空间?

在岩石圈的上层，有一个庞大的空间，从早期防御自然灾害、野兽袭击，到后期改善人类生产生活环境，增强城市防护能力，长期以来对人类的生存、繁衍、进化和发

① 领陆指国家主权管辖下的陆地及其底土；领水指国家主权管辖下的全部水域及其底土；领空指国家领陆和领水的上空。

展都有着不可替代的重要作用。

狭义的地下空间。从开发利用的角度来看，包括土层和岩层中天然形成的地下空间，如地质作用形成的溶岩洞、风蚀洞、海蚀洞等；还包括人工开发的地下设施，如城市地下市政管网、城市综合防灾建筑、地下交通设施、地下车库、军事工程、地下商业综合体、高层建筑地下空间，以及新型地下空间设施，如地下工厂、地下污水处理厂、地下变电站、深地实验室等。

广义的地下空间。除狭义的地下空间外，还包括密实的岩土体、地下资源（水资源、矿产资源、地热能资源）、地下历史文化遗迹等。

本书所指的地下空间。鉴于本书聚焦如何利用地下空间解决城市交通、能源环保、安全防灾、土地紧缺等问题，因此所指的地下空间包含两层含义：一层含义是指在当前经济条件和技术条件下，在城市规划区地表以下一定深度范围内，开发建设的用于城市生产、生活、交通、环保以及防灾等用途的建筑空间；另一层含义是指用于改变城市能源消费结构、增加碳汇、节能减排的地下可再生清洁能源（浅层地温能、水热型地热、干热岩）。

21 世纪是开发利用地下空间的世纪

1981 年 5 月，联合国自然资源委员会正式把地下空间确定为重要的自然资源。

1991年，在东京召开的城市地下空间国际学术会议上通过的《东京宣言》提出，“21世纪是开发利用地下空间的世纪”。经过实践论证，科学合理地利用地下空间资源，不仅可缓解城市发展中存在的各种矛盾，还是实现城市现代化及建设未来城市的必由之路。

地下空间作为城市发展的新型国土空间资源，是实现“宜居、绿色、韧性、智慧、人文”城市更新发展五大目标的重要载体。同时，发展地下空间，也有助于我国综合国力的提升。

地下空间与综合国力的提升

综合国力是衡量一个国家基本国情和基本资源最重要的指标，也是衡量一个国家的经济、政治、军事、文化、科技、教育、人力资源等实力的综合性指标。

美国学者克莱因提出了一个综合国力评估公式——克莱因方程：

$$P_P = (C+E+M)\times(S+W)$$

式中：P_P代表综合国力，C代表人口和领土，E代表经济实力，M代表军事实力，S代表战略意图，W代表国家意志。

充分开发地下空间，相当于在无形中“增加”了我们的领土面积，即公式中C的数值增加，那么P_P必然会随之变大，也就相当于综合国力的增强。

我国将国家战略资源划分为8类资源和23个指标，这些指标的总和构成了综合国力。这8类资源分别是经济资源、人力资本、自然资源、资本资源、知识技术、政府资源、军事实力、国际资源。其中自然资源通常是指主要自然资源的丰裕程度、质量、可及性和成本。自然资源是经济发展的必要条件，但自然资源是有限的，这成为经济增长的限制条件或上限，同时，自然资源具有边际收益递减性质，开采和利用的生态成本与外部成本相对高。

衡量自然资源是否丰沛有四大指标：农业种植面积、淡水资源、商业能源使用量、发电量。其中农业种植面积和发电量，与地下空间这种自然资源的开发息息相关。农业种植面积是联合国粮食和农业组织所定义的临时性和永久性占用耕地、永久性农田和牧场的总和。人口增长和城镇化速度加快必然会占用更多的土地来解决城市建设中出现的各种矛盾，这对守住耕地红线是个极大的挑战。发电量是指在电站的所有发电机组的终端测量的总值。除水电、煤电、油电、天然气发电和核电外，还包括地热能、太阳能、风能、潮汐能和浪潮能等新能源类型的发电，以及可燃性可再生物质和废弃物的发电。我国的不可再生能源的蕴藏量并不算丰富，三五十年后将面临能源危机。但我国的地热能资源相对丰富，且清洁环保，这对于改善我国的能源结构，大有裨益。

所以，科学地开发利用地下空间不但可以置换地面空间、严守耕地红线、改善能源结构，还与我国综合国力的提升，息息相关。

人类的发明创造源于为了解决人类本身遇到的各式各样的难题。地下空间也不例外，无论是远古时期为躲避风雨雷电、自然灾害和防御野兽袭击，还是古代水利工程、军事防御工程，或者是现代的地下轨道交通、人防、深隧，绝大部分是解决面临的困局。

第02篇

前世今生——地下空间的发展历史

导语

说到地下空间，首先浮现在我们脑海中的，大概率是坚固的人防工程，规整的地下停车场，有序的地下交通，以及各种或民用、或商用的地下室。其实，地下空间远不止于此。

翻开历史的长卷，早在几十万年前，人类的祖先就开始利用地下空间。从简易实用的史前洞居、掘土穴居，到兴建巧夺天工的地下礼制建筑、宗教石窟寺，再到挖筑构思巧妙的地下水利设施，修建功能齐全的地下军事防御设施，甚至建设规模庞大的地下城池……

近现代工业革命和科技革命后，各种现代化的城市地下轨道交通、地下市政管网（综合管廊）和地下商业综合体等更是迭代创新，层出不穷。

总体来说，地下空间的前世今生，就是人类对生存空间拓展、演进的历史。

习近平总书记在党的二十大报告中说："坚持人民城市人民建、人民城市为人民，提高城市规划、建设、治理水平，加快转变超大特大城市发展方式，实施城市更新行动，加强城市基础设施建设，打造宜居、韧性、智慧城市。"

随着人类文明的进步和发展，地下交通、地下公共服务设施、地下仓储物流、地下军事和人防工程等已经成为现代城市的重要组成部分，对于缓解城市发展过程中的各种矛盾发挥着越来越重要的作用，有利于推进建设宜居、绿色、韧性、智慧、人文的现代化城市。

地下空间自古以来就是人类开发利用的重要空间资源。它是人类文明发展历程中一段跨度历史的长期积淀，见证人类文明进程和社会进步，满足人类生存需求，改善生存环境，承担社会功能，在人类发展史上发挥不可替代作用。展望未来，随着科技进步，地下空间承载功能将更丰富，地下空间价值将进一步彰显，成为人类追求宜居城市的重要手段。

古代地下空间的使用

远古洞居

远古时期，原始人类为了躲避自然灾害、防止野兽的袭击和有效地保存食物，对天然洞穴和地穴进行了利用，这是人类对地下空间利用最早的历史。《易·系辞下》记载："上古穴居而野处。"意思是说上古时候，人们居住在洞穴，生活在荒野。根据目前的考古发现，中国、法国、日本、北非、中东都有古人类利用洞穴作为居所的遗迹，有些地区至今仍使用地下住宅。

凿洞而居和掘土穴居

新石器时代出现了以农业为主的生产方式，天然洞穴已经不能满足需要，人们开始掘土穴居住。由此逐渐产生了固定的居民点。《礼记·礼运》谓："昔者先王未有宫室，冬则居营窟，夏则居橧巢。"意思是说先代君王都没有宫殿房屋时，冬天住在用土堆砌而成的土窑里，夏天就住在柴薪堆积而成的巢穴里。

▶ 黄土高原下沉式窑洞

早期的房子没有墙壁，人们挖出地穴，从简单的袋形竖穴到圆形或方形的半地下穴，上面用树枝等支盖起伞状的屋顶。我国已发现新石器时代遗址有 7000 余处，其中河南新郑裴李岗遗址及河北武安磁山遗址两处，都有窑址和窑穴的发现。黄河流域典型的村落遗址还有西安半坡街、临潼姜寨、郑州大河村等。在突尼斯南部地区的玛特玛塔地下村落，以及在中国西北部黄土高原的窑洞民居等，都是古代利用地下空间作为居所的典型代表。特别是我国黄土高原的窑洞民居，依托黄土高原特殊的地形、地质条件，凿洞而居，这种居住方式沿袭至今，居住各类窑洞的总人口数量约有 3500 万人。

地下礼制建筑

进入阶级社会后，一些礼制建筑被修建在地下，以满足祭祀等特殊需求。皇陵是最具代表性的地下礼制建筑，被封建统治者用来彰显身份和地位。如公元前 208 年建成的秦始皇陵，西汉帝陵中的茂陵、唐代的昭陵和乾陵、明十三陵、清东陵和清西陵等，这些陵墓的建造以及内部防水、防潮等，都达到了较高的技术水平。国外的如亚历山大地下陵墓，其坐落于埃及亚历山大城西南的马里尤特沙漠中，占地辽阔，建筑用料豪侈，现代圣城轮廓已为世人所知。

除此以外，一些丧葬仪式也需要地下礼制建筑来进行。

在古代，一些贵族、王室成员或者重要人物的丧葬仪式通常都会采用地下墓穴或者陵墓来进行。例如，古埃及的法老墓、古希腊的墓穴、古罗马的公墓等。这些地下礼制建筑不仅可以用来安葬逝者，也可以用来进行祭祀和纪念，以表达对逝者的敬意和怀念。在一些文化中，地下礼制建筑还可以被视为通往来世的通道，被认为是逝者灵魂的归宿。

2023 年，在北京丰台新宫地铁站附近首次发现的大坨头文化（夏商时期）双重环壕聚落遗址，再现了青铜时代燕山南北与北方草原交流交融的历史，阐释了我国商代城市营建、丧葬礼制等方面的历史图景。

地下宗教建筑

汉传佛教自西汉末年时期从印度传入中国，此后兴建了大量佛教建筑，地下空间的利用为发展和保存这些宗教艺术珍品提供了有利条件。早期的佛教寺院多在陡峭的岩壁上凿窟为寺，称为石窟寺，如山西大同云冈石窟、河南洛阳龙门石窟、甘肃敦煌莫高窟、甘肃麦积山石窟等。这些岩壁石窟中，布满以佛教故事为题材的雕像和壁画，工艺精湛，想象力丰富，具有极高的艺术性，是人类历史上珍贵的文化遗产。国外的如巴米扬石窟（已被炸毁），位于阿富汗兴都库斯山中，是 3—7 世纪开凿的佛教石窟。该石窟系就巨大的岩壁雕凿而成，有削崖雕凿而成的两大立佛像，以及近千个窟龛。

地下城市的初级形态

交河故城是世界上最大最古老、保存得最完好的生土建筑城市，也是我国保存两千多年的最完整的城市遗迹。

交河故城是公元前 2 世纪—5 世纪由车师人开创和建造的，位于两河交汇处一片开阔的台地上，是座为适应当地地质特点而挖掘出来的地下城市。整座城市有一个明显的特征——寺院、官署、城门、民舍等大部分建筑物基本上是用“减地留墙”的方法，在天然的生土层上向下掏挖而成，狭长幽深的街巷，好似蜿蜒曲折的战壕，整座城市仿佛一个气势磅礴的雕塑。

地下水利满足生产生活

为了应对自然环境、地理条件等的限制，古代劳动人民修建了许多地下水利工程，以满足农业灌溉和日常生活的需要。

较为典型的工程如新疆的坎儿井。坎儿井是干旱地区的劳动人民在漫长的历史发展中创造的一种地下水利工程，主要工作原理是人们将春夏季节渗入地下的大量雨水、冰川及积雪融水，利用山体的自然坡度，引出到地表对作物进行灌溉，以满足干旱地区的生产生活用水需求。一般而言，一个完整的坎儿井系统包括竖井、暗渠（地下渠道）、明渠（地面渠道）和涝坝（小型蓄水池）四个主要组成部分。

国外也有这样的例子，如公元前 700 年左右，古以色列人修建的保障耶路撒冷城用水的引水隧道——希西家隧道；公元前 5 世纪波斯王国大利乌修建的、用于农业灌溉的地下截水道；公元前 312—前 226 年古罗马为改善城市供水而修建的地下输水道——阿庇亚输水道等。

新疆坎儿井地下水利工程

地下交通的雏形

陕西汉中的石门隧道，建于公元 66 年，石门隧道位于今汉中市北 17 千米处，现淹没于褒河水库中。东汉明帝刘庄为修褒斜栈道，下诏在七盘山下阻碍栈道之地开凿穿山硐，它是用我国古代原始攻凿山石的办法火烧水激凿成的，是我国最早用于交通的人工隧道。在国外也有利用隧道交通的例子，如公元前2180—约前2160年，古巴比伦人在幼发拉底河下修建的一条约900米长的砖衬砌的古巴比伦人行隧道，是迄今已知的最早用于交通的隧道。

地下仓储历史悠久

我国古代利用地下空间作仓库的历史悠久。早在秦代，秦王朝便在黄河与鸿沟的交汇处修建“敖仓”，以完成全国的军事战略布局。20世纪60年代末，在洛阳东北郊发掘出的“含嘉仓”，始建于605年，是隋朝在洛阳修建的大型国家粮仓，经考古发掘，遗址面积达40多万平方米，有数百个粮窖，仓窖口径最大的达18米，最深的达12米，储备的物资和粮食可以供应全国五六十年，历经唐、北宋500余年，后来废弃。像这样的大型粮仓，在我国古代还有很多，如号称“天下第一仓”的“洛口仓”，唐王朝修建的大型转运仓“河阴仓”等。

国外古代也有利用地下空间作仓储的例子。如在6世纪拜占庭时期，因战争原因修建了许多地下蓄水池。其中，542年，朱斯提尼安大帝动用7000名奴隶，在伊斯坦布尔修建的耶莱巴坦地下水宫规模最大，也最著名。它被开凿于石灰岩层内，整座水宫长140米、宽70米，由336根高9米的粗大科林斯式石柱支撑着巨大的砖制拱顶，石柱的表面上还有美丽的图案，储水量可达10万吨之多。

地下军事防御设施奇观

很早以前，古人就开始利用地下空间防御敌人和猛兽的攻击。如我国陕西半坡村遗址中有一条长300多米、宽6~8米、深56米的壕沟。还有位于河北省永清县的永清古战道，是北宋初年用于抗拒辽国南侵的军事防御工程，距今已有1000多年，洞体结构复杂，布局严密。既有翻眼、掩体、闸门等军用设施，又有气孔、置灯台、土炕等生活设施。建造所用的青砖，规格均为30厘米×16厘米×8厘米，这在当时是一个浩大的地下工程。这座纵横交错300平方千米的古战道，被历史和军事学家称为“沉睡千年的地下军事奇观”。

在国外，古代土耳其卡帕多西亚有30多座利用凝灰岩的特殊结构开凿的地下城，形成了恢宏的地下景观。其中的德林库尤地下城，面积达2500平方米，深度达55米，分为8层。3000多年前，当地人为了抵御当时最强大的帝国入侵，一直在柔软的火山层上开凿，最终创造出一个巨大的地下防御系统。这里到处是加固型避难所，并建有教堂、卧室、厨房、餐厅、酒窖以及地牢等多种设施，最底层还有储水库。各层之间的通道口都安放着一个直径1米多的圆石盘，这是地下城特有的安全装置，如有人来袭，只要扳动暗设的机关，石盘就会自动将洞口封住，将敌人挡在门外。

▸ 德林库尤地下城遗址

近代以来城市地下空间的兴起

18 世纪 60 年代欧洲第一次工业革命，促使工业从农业中分离出来，英、法、德等国家的社会生产力迅速发展，大大提高了城市化水平。一些工业化较早的国家，城市人口越来越多，城市活动也越来越复杂和多样化，随之产生了一系列的城市问题，对原有的城市结构和形态造成强烈的冲击，加上生产力和技术的提高，使人们有条件对城市地下空间进行更为复杂的改造、扩展和更新，以适应形势发展的需要。这一时期，主要是对城市地下交通及大型建筑物地下空间开发，出现了地铁、地下街；同时，地下市政设施也从地下管网发展到较大型的地下综合管廊（共同沟）系统，地下管道邮政系统、地下大型能源供应系统、地下大型供水系统、地下大型排水及污水处理系统、地下水电站等设施相继出现。

20 世纪，两次世界大战使地下空间的发展几乎停顿，当世界局势逐渐平稳下来，各个国家重新致力于本国的家园重建和经济的发展，世界各地的大城市随着战后经济的恢复而进入快速发展阶段。

工业化使生产力产生了质的飞跃，科技迅速发展，人类改造自然的能力提高，从自然界获取的资源也越来越多。随着粮食产量增加，生活条件、居住条件、医疗条件的不断提高，生育率逐年上升，寿命普遍提高，人口迅速增长。据联合国统计，截至 2022 年，地球总人口数量已经从“一战”时期的 17 亿人增长到 80 亿人，并且还在增加。

更多的人口向城市聚集，住房、商业、市政的发展和扩大，导致城市用地越来越紧张。加上汽车的发明和迅速普及，交通拥堵也成为城市运行的主要问题之一。伴随着这种情况愈演愈烈，中心区城市功能的发挥受到阻滞。为了保持城市的生命力和恢复中心区的繁荣，人们再次把目光转向地下，从 20 世纪中叶开始，人们对城市地下空间的开发利用建设进入高潮，现代意义上的大规模城市地下空间的利用正式拉开了帷幕，在许多领域都有了迅速的发展。其中地铁、地下停车库、地下街和地下城、地下物流系统、大型地下公共建筑、地下市政公共设施达到了空前的规模。在一些发达国家如美国、日本、法国、加拿大等国的地下空间的开发总量都在数千万到数亿立方米。

地下交通

我们大概都有过通勤途中堵车的经历，一眼望不到头的车队，无奈而漫长的等待使心情从焦虑变得狂躁，却寸步难行。

我们也经历过在十字路口，拥堵的人潮与车流交织在一起，争抢着在短暂的交通信号的灯数秒中通过，不但使原本拥堵的交通更加混乱，还埋下了巨大的安全隐患。

我们中不少人也有过寻找和争抢车位的苦恼，在目的地周围转了一圈又一圈，20 分钟过去了，依然找不到可以停放爱车的空车位。有限的地面停车位，越来越无法满足逐年增加的私家车停车需求。

于是我们大量征用城市用地，不断地修路、建停车场、搭立交桥、拓宽道路……但这些只能缓解一时，交通矛盾依然日趋严重，城市中可用的土地越来越少。

终于，我们把目光投向地下空间。地下交通包括地下轨道交通、地下道路、地下人行通道、地下停车场、交通场站等。

地铁出现并成为主流

1863 年，英国伦敦将原先在城市中心地区运行的地面铁路搬到了地下，建成世界上第一条地铁，线路长约 6.4 千米，与人行、马车交通实行立体分离，解决了城市中心交通拥堵问题，拉开了近代城市大型地下空间开发利用的帷幕。

地铁在伦敦出现后，改变了伦敦的城市空间结构，其他国家也纷纷认识到这种新型交通工具的魅力，都根据自身的特点和需求进行地铁建设。

1900 年 7 月，法国巴黎穿过阿尔卑斯山开通了世界上第二条地铁线路。

1902 年 2 月，柏林第一条地铁建成，成为世界上第五个拥有地铁的城市。

1904 年 10 月，全美第一条地铁在纽约市投入使用，解决了城市内部“钟摆式”人流运送交通问题。

1906 年，芝加哥市完工的货运地铁运输系统，几乎覆盖了当时城区的每条街道。

1927 年，日本在上野—浅草间开通了第一条地铁线路。

至 1935 年，世界上已有纽约、东京，芝加哥、巴黎，布达佩斯、柏林、莫斯科及大阪等 20 个城市修建了地铁。

1950 年以后，城市中心区日益繁荣，带来了巨大的交通流量，一体化的交通特别是地铁，极大地促进了城市地下空间的大规模开发。日本东京的一些地区建设了五层地铁线路，而且还在超过 50 米深的地下位置规划了新的地铁线路。

经过 100 多年的发展，地铁已经成为现代 100 万人口以上大城市解决中心城区通勤交通的首选方式，并成为城市现代化的重要标志。

我国地铁建设起步较晚，但发展极为迅速。我国的第一条地铁——北京地铁一期工程于 1965 年 7 月开工建设，到 1981 年 9 月一期工程验收时，全长 27.6 千米，共 19 座车站；北京地铁二期工程于 1984 年 9 月开通试运营，全长 16.1 千米，共 12 座车站。此后以北京、上海、天津、广州、深圳和南京为代表的大城市均修建了一定数量的地铁。中国城市轨道交通协会发布的数据显示，截至 2022 年 12 月 31 日，中国内地共有 55 个城市开通运营了城市轨道交通项目，运营总里程达到 10291.95 千米，其中地铁 8012.85 千米，占比约为 77.86%。

地下停车库大规模兴建

城市中心区的停车矛盾，同样让我们头疼不已。人们想出各种办法来解决问题，然而，受到用地限制，地面开放式停车场的成本显然太高，于是，人们想出了“地面立体停车场（库）”，以及“地下多层停车场（库）”的解决方案，在一定程度上缓解了停车矛盾。

从 20 世纪 50 年代后期开始，许多发达国家由于机动车数量的快速增长，停车难的问题越来越凸显，纷纷开始大规模地修建地下停车库。英国伦敦结合城市中心建设的两层地下高速公路，在其两侧建造了六层地下停车库。法国巴黎从 1954 年着手研究深层地下交通网的问题，到 20 世纪 90 年代，巴黎已经拥有 83 座地下停车库，可容纳 43000 辆车。欧洲最大的地下停车库是在费约大街建设的地下四层停车库，可停放 3000 辆车。日本在 1979 年底共建成 75 座地下停车库，总容量为 21281 辆车。

21 世纪以来，我国经济飞速发展，私人汽车数量快速增长，地面停车场无法满足停车需求，地下停车库开始大量修建，尤其是老城区和新建住宅小区都设计了地下停车场。以广州市为例，从 2003 年 7 月到 2006 年 12 月，已建成或正在建设的地下停车场达到 600 多个，面积从几千平方米到几万平方米不等。

地下隧道开始发挥作用

一些科技领先的城市，需要进一步提高社会运转效率，因此根据本国的地理特点，修建了相应的地下隧道以配合新型交通工具，地下隧道在城际之间以及旧城的改造再开发中发挥了重要的作用。

例如，1871 年，人们在塞尼山开凿了第一条穿越阿尔卑斯山的铁路隧道，隧道全长 13.68 千米，将法国和意大利连接起来。1870 年，日本建成了该国第一条铁路隧道——石屋川隧道，1880 年采用人工挖掘和盾构机挖掘建成了粟子隧道。

近年来，为了解决不同方向车辆行进途中相互干扰造成的堵车，除了搭建立交桥，我国开始修建更多的隧道和地下道路设施来缓解矛盾，许多大城市为改善交通状况、提高城市效率，纷纷结合城市自身特点修建了城市越江（河、湖）或跨海隧道。如 2003 年建成的上海越江隧道，2008 年建成的武汉长江隧道，2010 年建成的内地第一条海底隧道——厦门翔安海底隧道，2011 年建成的青岛胶州湾隧道，2022 年建成通车的苏州独墅湖南隧道，2023 年通车运营的大连湾海底隧道等。

地下人行通道的扩展

当然，我们不会忘了城市交通中重要的一类——地下人行道。有了地下公共步行通道后，我们不用再像过去那样，在短暂的绿灯时争分夺秒地从车流中通过马路，或者要绕上几百米甚至上千米才能穿过马路到达对面的目的地。地下通道可以将地铁站、公交站、火车站、机场航站等场所，与周边建筑的地下层连接，行人可快速到达目的地。现今规划建设的地下人行公共步道不断加宽，两侧还添加了商业店铺，使得地下空间的环境气氛更热闹，不但安全性提高了，也可获得很好的经济效益。

1974 年美国建成的洛克菲勒中心的地下步行通道，在 10 个街区范围内，将主要大型公共建筑在地下连接起来，形成了四通八达、不受气候影响的步道系统。

加拿大蒙特利尔地下步行网络已经扩展超过 32 千米，在街道上大约有 900 多个出入口，是世界上最大的地下步行网络之一。

我国上海虹梅路地下步行道建于 20 世纪 90 年代，全长近 3 千米，是上海最长的地下步行通道。

地下物流系统出现

地下物流系统的建设源于英国，最早出现于管道运输与地铁邮件传送。1853 年，英国伦敦建立了世界上第一条靠气力输送的城市地下管道邮政系统。此后柏林、巴黎、维也纳和纽约等城市发展了这一系统，其中，1865 年在柏林建立了德国第一个邮政管道，管道总长度为 297 千米。

现代意义上的地下物流系统，给城市交通的发展带来了新的视野和解决途径。城外的货物通过传统运输方式运输到城市边缘区后，再由地下物流系统配送到各个终端，如工厂、超市和中转站。这样不仅可以将货物运输分流到地下，还具有低污染、低消耗、高效益等特点，是与传统的公路、航空和水路运输相并列的运输和供应系统。

美国、日本、英国、法国、德国、荷兰等发达国家在地下物流系统的建设和发展上，给现代城市作出了成功的表率。英国在该方面的研究开始最早，充分利用了气力囊体管道系统和水利囊体管道系统运输货物。德国在 1998 年开始研究 CargoCap 地下管道物流配送系统[①]，可以实现 36 千米每小时的运输速度。

---

① CargoCap 地下管道物流配送系统是目前管道物流系统的最高级形式，运输工具按照空气动力学的原理进行设计，下面采用滚轮来承受荷载，在侧面安装导向轮来控制运行轨迹，所需的有关辅助装置直接安装于管道中。

地下市政

地下市政设施包括各类市政管线、综合管廊、市政场站。

早期地下市政管线

市政管线通常包括给排水、能源供应、通信、废弃物排除等管道线路。

早期这些设施的铺设就是简单地采取直埋法，将地面挖开，铺设管（线），然后回填，不同的管（线）之间还要设置安全间隔，任何一条管（线）发生故障，就要挖开路面进行维修。这使得地下空间的利用率非常低，也给市民的出行造成种种不便，甚至一些城市给人造成了“一年365天，天天都在挖沟”的印象。

地下市政综合管廊出现

为了解决上述问题，有人提出了“综合管廊”概念，就是地下城市管道综合走廊，也称“共同沟”，即在城市地下建造一个隧道空间，将电力、通信、燃气、热力、给排水等各种工程管线集于一体，设有专门的检修口、吊装口和监测系统，实施统一规划、统一设计、统一建设和管理，这是保障城市运行的重要基础设施和“生命线”。如此，铺设预留容量增加了，铺设新线和维修管道也方便了，同时，管线的安全度提高了，道路也不需要经常开挖了，解决了“马路拉链”的城市通病。

早在1833年，法国巴黎为了解决地下管线的敷设问题和提高环境质量，开始兴建地下管线共同沟，如今巴黎已经建成系统较为完善的共同沟网络。1861年，英国在伦敦兴建综合管廊，在管道空间内布置了给排水、燃气管以及通信、电缆等各种管线。此后，德国、俄国等其他国家也相继开始建设这种共同沟。

我国第一条管廊始建于1958年，在北京天安门广场下，继此之后20世纪80—90年代陆续在许多大城市建设。如1985年北京建设了中国国际贸易中心综合管廊；1994年上海建设了浦东新区张杨路综合管廊，总长度为11.125千米，包括给水、通信、电力、燃气四条管道和相应附属设施。2015年以后地下管廊建设进入了井喷式发展阶段，许多大城市开始大规模兴建，2020年武汉建成的光谷中心城地下综合管廊，全长达24千米。厦门市综合管廊规划至2035年建设长度达346千米，截至2022年，已投入使用干（支）线综合管廊80千米，入廊管线超过1200千米。

未来地下市政场站

当然，只有这些还不够，未来我们还要实现市政设施地下化——地下市政场站。传统意义上，市政场站包括污水处理厂、再生水厂、泵站、变电站、垃圾转运站、雨水调蓄池等，这些与我们的日常生活息息相关。

当这些设施全部转至地下后，所有跨越城市上空蜘蛛网般的电线消失了，一到夏天百米外就能闻到刺鼻臭味的垃圾站不见了，不会再有凌晨疯狂奔驰在街头的垃圾转运车……所有腾出来的地表用地，将被各种花草树木覆盖，成为人们休闲娱乐的公共绿地。

地下公共服务设施

地下公共服务设施包括行政办公、教育、科研技术、文化娱乐、医疗卫生、商业、体育、展馆、宗教等设施。

以商业设施为例，我们都知道，商业活动大多依附于便捷的交通，人流快速集散的过程能带来更多的商家。如果我们在地铁站的站厅通往地面的公共通道两旁建设地下商业街，行人出入地铁站时，可以直接进入商业街，顺便满足购物需求。而商业活动的发达，还会带动文化、体育、娱乐和展馆等行业，如地下图书馆、地下博物馆、地下影院、地下健身馆等。

地下商业街道和地下城市不断涌现

地下商业街道的一个重要组成内容是步行道或车行道，具有四通八达或改变交通流向的功能。开发地下商业街道的主要目的是解决繁华地带的交通拥挤和建筑空间不足的问题。另外，地铁的兴建，推动了地铁沿线以商业为主导的地下街道的修建，并在地下空间的开发利用及旧城改造中发挥了极其重要的作用。

国外地下商业街道的建设起源于日本。1930 年，日本东京上野火车站建成了世界上第一条地下街道。到 1983 年，日本全国建成 76 处各种类型的地下街道，总建筑面积达到82万平方米；到1986年，共有14处面积超过2万平方米的地下街道。1997年建成的8万平方米的大阪长堀地下街道，全长达760米，建筑面积为82万平方米，地下共4层，商业街内共有100家店铺，地下停车场有1030个停车位。由于地下街道连接了建筑物地下空间与公共地下空间，所以它形成了地下步行网络，能够起到疏导大量人行交通、改善城市步行交通环境和活跃商业等作用。①

20世纪40年代，美国利用洛克菲勒中心区域的地下交通系统，把第五大道至第七大道介于47街至52街的各个大楼连接在一起，并与潘尼文亚火车站、中央车站、纽约公共汽车站连通，同时，地下步行通道还承载了商店、餐馆以及其他服务功能。洛克菲勒中心区域由此成为美国城市地下空间综合利用的先驱。②

欧洲许多国家如法国、德国、英国等国的一些大城市，在“二战”后的重建和改建中，发展高速道路系统和快速轨道交通系统，结合交通换乘枢纽的建设，开发了多种类型的地下综合体。有的以改善地面交通为主，如巴黎；有的以扩大城市地面空间、改善环境或保护原有环境为主，如纽约曼哈领区、费城市场西区、巴黎德方斯新城等；也有的是为了适应当地气候的特点而将城市功能的一部分转入地下空间，如多伦多、蒙特利尔。

---

① 参见赵景伟、张晓玮《现代城市地下空间开发：需求、控制、规划与设计》，清华大学出版社，2016，第30—34页。

② 同上。

我国也注意将城市地下空间的开发利用与商业发展相结合，许多大城市在城市建设中都在城市中心的公园、广场或大型地面建筑群的下面修建了较大规模的商场、商业街等设施，或者在交通繁忙、商业发达的地区建设地下过街道型商业设施。20世纪80年代末，为配套汉口火车站建设，在其站前广场下面修建了汉口地下商场，面积为5.5万平方米。目前，地下空间的商业功能日趋大型化和多功能化，如深圳华强北地铁商业街、上海香港名店街等。

地下公共设施相继涌现

国内外的地下空间开发利用与旧城改造及历史文化建筑扩建相结合，出现了数量众多的大型地下公共建筑，如公共图书馆、大学图书馆、会议中心、办公中心、展览中心、音乐厅、体育馆、实验室等。

为了较好地利用地下特性满足功能要求，合理解决新老建筑结合的问题，并为地面创造开阔空间，美国许多城市建设了大量的地下建筑单体，如明尼阿波利斯市南部商业中心的地下公共图书馆，加州大学伯克利分校、哈佛大学、伊利诺伊大学、密执安大学等学校的地下或半地下图书馆，旧金山市中心叶巴布固那地区的莫斯康尼地下会议展览中心等。芬兰则开发了数量众多且水平较高的地下文化体育娱乐设施。西班牙阿尔罕布拉皇宫地下剧场，建于2005年，地下建筑面积达19万平方米，包括剧场、商场、餐饮设施，被誉为世界最大的地下文化中心。澳大利亚悉尼歌剧院地下扩建工程，建于2019年，地下建筑面积为6.2万平方米，设置有剧场、排练厅、商店、餐厅和酒吧，被誉为世界领先的艺术表演场馆之一。

地下科研设施满足科学研究

现代科学技术的发展对进行科学研究的实验室环境的要求越来越严格，例如，在对中微子的研究中，需要尽可能地屏蔽宇宙和其他射线的干扰，这在地面上实现会很困难，实验室必须建在地下尽可能深的位置，于是一些地下实验室被建造起来。

一类是利用隧道建成的。如法国摩丹地下实验室位于地下 1700 米深处，建在连接法国和意大利的弗雷瑞斯隧道中；瑞士贝德雷托地下实验室位于地下 1640 米深处，修建在阿尔卑斯山的圣哥达隧道中；中国首个极深地下实验室——锦屏地下实验室于 2010 年投入使用，是利用为水电站修建的锦屏山隧道建成的，垂直岩石覆盖深度 2400 米，是世界岩石覆盖最深的实验室。

另一类是利用矿井建成的。如美国桑福德地下研究所位于地下 1480 米深处，是美国最深的地下物理实验室，建在南达科他州废弃的霍姆斯塔克金矿里；美国费米国家实验室为了一项实验，在明尼苏达州的苏丹小镇一处废弃铁矿的地下 750 米深处，专门建了一个探测器大厅。

地下仓储

城市在仓储方面的需求量非常大，需要储存的物资品种繁多，如水、粮食、蔬菜、生鲜等生活物资，燃油、燃气等易燃易爆品，以及化学品、军事管控物资等。地下仓库具有防空、防爆、隔热、保温、抗震、防辐射，以及储品不易变质、能源消耗小、维修和运营费用低、材料节省、占地面积小和库内发生事故时对地面波及较小等优点。

我们在地下可以根据不同的需求修建各种仓库。如恒温恒湿的地下粮库可以避免粮食发芽、霉烂、虫蛀；地下冷藏库既能充分利用地下空间资源，又能利用地层作为隔热和保温层；地下燃油库、燃气库具有防爆的作用；一些危险品也可以储藏在深层地下，以达到防辐射的目的。

20 世纪 50 年代至今，国外许多国家利用有利的地质条件，建造了众多大容量的地下石油库、天然气库、食品库。如 2014 年新加坡开始建设裕廊岩洞，有效利用地下空间，为原油、凝析油、石脑油和汽油等液态碳氢合物提供了安全可靠的储存场所。

2000 年，我国在广东汕头建成了大型储库用于储存液化石油气，不仅能够抵抗 8 级地震，而且能够节省大量制冷电力。

2019 年，上海嘉定建成了亚洲最大的云锦地下仓储中心，仓储面积为 25 万平方米，采用自动化仓储装备，单日处理能力达 50 万件。

地下人防工程

地下人防工程设施包括地下人防设施和安全设施。

地下人防设施是为保障战时人员与物资掩蔽、人民防空指挥、医疗救护而单独修建的地下防护建筑，以及结合地面建筑修建的战时可用于防空的地下室。

城市地下空间开发利用的第一大功能是灾害防御。地下空间有岩土介质围护，提高了空间结构的稳定性、隐蔽性、封闭性和耐震性。因此，近代城市的防灾、特别是防御战争灾害，首先考虑的是开发利用地下空间。它在防备敌人突然袭击，掩蔽人员和物资，保存战争潜力方面发挥了重要作用。“二战”中欧洲多国曾经利用地下空间作为防御工事，如巴黎利用地下废旧洞穴作为弹药库、掩蔽部和军火库；伦敦利用地铁作为人员疏散、掩蔽和物资输送的设施。

为了抵御可能发生的战争和自然灾害，一些工厂也修建在地下。如始建于 1933 年的亚速钢铁厂，仅地下结构就有 8 层，地下通道长度累计超过 24 千米。建厂时就考虑到遭受轰炸和封锁的可能，甚至有些建筑是为抗核打击而设计的。在俄乌冲突中，工厂的地表部分几乎全部毁于战火，但它的地下部分却逃过了毁灭之灾。

新中国成立后，随着毛泽东“深挖洞、广积粮、不称霸”的号召，20世纪五六十年代在北京、上海、南京等多个大城市掀起一场群众性的人防工程建设高潮。20世纪80年代至20世纪末，随着经济、科技的快速发展，平战结合要求在我国城市人防工程建设中迅速推广实现，地下空间开发已初具规模，“十二五”期间，全国新增人防工程面积为3.5亿平方米，北京、上海、长沙、厦门等87个重点城市的防护工程面积人均超过1平方米。①

地下军事工程

地下军事工程是指用于军事作战和各种保障的地下建设工程，包括地道、坑道、地下指挥所、地下仓库、地下隐蔽所、防空洞，以及地下发射的远程核打击系统工程等。地下军事工程一般在和平时期建设，在战时使用，是现代化战争中保存自己消灭敌人的有效手段。

如法国著名的马其诺防线便被外军称为防御工事极品之作。此工程极为浩大，始建于1929年，耗时7年，全线长达700多千米，其中地下坑道占100千米，共部署344门火炮，建有152个炮塔和1533个碉堡，工程总造价约50亿法郎，相当于当时全法国一年的财政预算。

“二战”时期，美国在日本先后投下2枚核弹，这使得

① 参见程光华、王睿、赵牧华等《国内城市地下空间开发利用现状与发展趋势》,《地学前缘》(中国地质大学[北京]; 北京大学) 2019年第3期。

人们纷纷将目光投向了更深层的“九地之下”（出自《孙子兵法》军形篇：善守者，藏于九地之下）。由于地下工程具有许多无可替代的防护优势，各军事强国竞相打造各自的地下指挥防护工程体系。

如美国夏延山地下指挥中心，位于花岗岩石下 500 米深处，由 15 栋钢铁大楼组成，每一栋楼底部都安装了百余枚超大型的弹簧作为支撑，能够极大地缓解导弹攻击、核弹攻击带来的剧烈震动。发电站、供配电系统、给排水系统、通信系统和空调系统等基础设施一应俱全，独立运行、自成系统，并可通过通信卫星、微波中继线路和光缆等多种通信工具与外界交换信息。

再如俄罗斯莫斯科地下指挥中心，是俄罗斯总统和军政要员战时军事指挥的心脏，具有分散面广、指挥所多等特点。各指挥所之间有长达数百千米的隧道网和完善的 C4I① 系统互联互通，隐蔽性强，地下机动性好，有很好的通信保密功能。指挥中心内设施齐全，储备充足，紧急情况时可与外界物理隔绝，但与外界指挥通信不会间断。

还有北约地下战略指挥中心，位于挪威距奥斯陆不远的一处深山之中，总建筑面积约为 8500 平方米，由厚达 175 米的坚硬岩石山体防护。该地下指挥中心能长期保持

---

① C4I 即军队指挥自动化系统（military command automation system），是指在军队指挥系统中，综合运用以计算机为核心的各种技术设备，实现军事信息收集、传递、处理自动化，保障对军队和武器实施指挥与控制的人机系统。

封闭状态，不必补充给养，甚至不必补充空气。作战室、办公室设置在巨大的弹簧上，可以有效消除核爆炸攻击产生的剧烈震动。这里还有防核电磁脉冲设施，以防止计算机和通信设备遭到核电磁脉冲破坏。

再有我国神秘的“816”地下核工程，也是当年为了应对未来可能发生的核战争而建的，工程完全隐藏在山体内部，总建筑面积达 10.4 万平方米，主洞室高达 79.6 米，拱顶跨高 31.2 米，轴向叠加全长 20 余千米。

在漫长的古代，受生产力的限制，人类只能对地下空间进行一些初级的、简单的、浅层的开发。随着科技发展、生产力提高，人们对地下空间的开发利用也日新月异，进入规模化和更深层次的发掘。

新中国对地下空间的开发，虽然晚于国外发达国家，但近些年取得快速发展，地下空间已由 20 世纪 60 年代单一功能、单点、浅层开发发展到现在的多功能、规模化、深层次开发利用。

SALE
SALE %

第 03 篇

砥砺崛起

——我国城市地下空间的开发建设

导语

发达国家的城市地下空间的开发利用经过100多年的探索、实践，形成了一套规范的体系，逐步向全功能、全深度、集约化、层次化开发模式迈进。

我国的地下空间开发利用起步较晚。1949年，刚从百年动荡中走出来的新中国，满目疮痍，地下空间的开发利用受限于当时工业、科技和经济的水平，曾经历了一个漫长的初始化阶段。

改革开放以来，我国的生产力飞速发展，如今，地下空间的开发利用已经进入网络化、高速发展的阶段。

“城，所以盛民也。”习近平总书记指出，“城市管理应该像绣花一样精细”。

地下空间的开发利用更要讲精细、讲科学、讲智慧，要以提升居民的幸福感、安全感为目的。如果说地表建设是城市的“面子”，那么地下空间的建设就是城市的“里子”。拓展地下空间的深度，正是解决城市建设土地资源供需矛盾、提升灾害防御能力和城市安全韧性、化解“大城市病”等的“里子工程”。

随着城市高质量发展，人们对美好生活的追求，地下空间建设将从狭义的地下工程拓展为空间、能源、资源和生态“四位一体”。

“十三五”期间，中国城市地下空间开发投资以每年1.5万亿元的速度增长，全国地下空间开发直接投资总规模约为8万亿元，有效地提供了产业支撑，推动了经济增长，中国已然成为领军世界的地下空间开发利用大国。

由单一功能到多元发展的历程

我国城市地下空间的开发利用较世界发达国家起步晚，始于新中国成立后，随着国防战备建设和城市建设实践而不断发展，总体上历经了三个阶段：[①]

初始化阶段（20世纪60—80年代）。我国基于当时的国际形势，主要以单建地下空间[②]为主，如民防单建工程、平战结合的地下停车场和地下商业街，其他形式的地下空间开发极少，这种状况一直延续到20世纪80年代中期。特点是单体建设、功能单一、规模较小、呈散点分布，开发深度在地下10米以内。

---

① 油新华、何光尧、王强勋等：《我国城市地下空间利用现状及发展趋势》，《隧道建设》（中英文）2019年第2期。

② 地下空间按照建设形式划分为单建地下空间和结建地下空间。单建地下空间是指独立开发建设，不依附于地表建筑物建设的地下空间。结建地下空间是指结合地表建筑或交通设施一并开发建设的地下空间。

规模化阶段（1990—2010年）。这一阶段城市地下空间的开发利用不论是数量还是质量，都有了相对的发展和提高。特点是：主要以地下轨道交通为主导，并沿轨道交通线路开发地下商业综合体、地下步行通道等地下设施，开发深度在地下10～30米。

网络化阶段（2010年至今）。地下空间开发进入了高速发展时期，地铁线路开始交叉出现，地铁网络系统逐步完善，综合开发地下商业、地下交通、综合管廊、地下综合体和深隧工程等。

地下空间的发展格局规模化、速度化

我国地下空间进入网络化阶段后，呈现出高速发展的态势。

“十二五”时期，我国城市地下空间年均增速达到20%以上，地下空间与同期地面建筑竣工面积的比例从以往的10%增长到15%，约60%的地下空间为“十二五”时期建设完成的。[①]

“十三五”期间，我国地下空间的建设规模更大，发展速度更快，这一期间累计新增地下空间建筑面积达到13.3亿平方米。

---

① 参见中华人民共和国住房和城乡建设部《城市地下空间开发利用“十三五”规划》，2016。

截至2020年底，中国大陆城市地下空间累计建设24亿平方米，仅2020年，中国城市地下空间新增建筑面积约达到2.59亿平方米。在省级行政区划单位中，累计新增地下空间建筑面积超过1亿平方米的依次为江苏（1.75亿平方米）、山东（1.30亿平方米）、广东（1.25亿平方米）、浙江（1.01亿平方米）。[①]

地下空间发展是“三带三心多片”[②] 的特点

“三带”为城市地下空间开发利用连绵带，分别为东部沿海带、长江经济带和京广线连绵带。

“三心”为中国城市地下空间发展中心，包括北部、东部、东南3个发展中心。北部发展中心为京津冀都市圈，地下空间发展以人防政策等要求为主导。东部发展中心为长三角城市群，东南发展中心为粤港澳大湾区，两者地下空间发展均以市场力量为主导。总体来看，这三个中心区内地下空间开发利用整体水平领先全国，区内城市差距较小。

“多片”指以各级中心城市为动力源、不同规模城市群为主体，呈多源分布的地下空间集中发展片区，主要包括以成都、重庆为核心的成渝地下空间发展片，以郑州为核

① 参见中国工程院战略咨询中心《2021年中国城市地下空间发展蓝皮书》。

② 同上。

心的中原地下空间发展片，以西安为核心的关中平原发展片。典型特征是片区内城市“十三五”期间发展水平提升较快，由政府引导和市场力量共同作用推动地下空间发展，城市群中心城市的地下空间发展较领先。其他城市与 3 个发展中心的城市相比，差距仍较大。

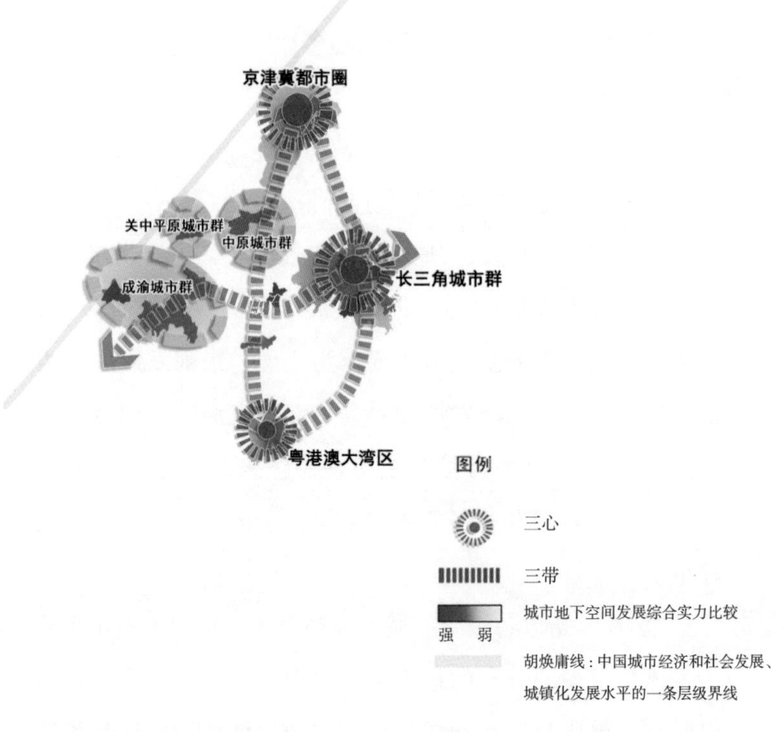

▸ 中国城市地下空间发展格局

资料来源：中国工程院战略咨询中心：《2021 年中国城市地下空间发展蓝皮书》。

地下交通主导、市政同步跟进的开发现状

整体来看，我国城市地下空间开发以地下轨道交通为主导，近年来以综合管廊为代表的地下市政基础设施开始兴起，东部大城市以交通枢纽建设的地下综合体为重点，在功能上逐步形成地下交通、地下市政设施全面开发的格局。

地下交通设施

城市轨道交通

1969 年，北京地铁一期工程建成通车，鉴于当时的社会背景，中国地铁建设未能持续发展。直到 20 世纪八九十年代，天津、上海和广州的地铁相继通车，标志着我国轨道交通建设进入蓬勃发展阶段。2008 年以后，我国城市地铁建设如火如荼，在 2011—2017 年，共有 18 个城市地铁从无到有，新增总运营里程达 2696 千米，年均增长 385 千米，标志地铁建设进入飞速发展阶段。① 中国城市轨道交

① 参见油新华、何光尧、王强勋等《我国城市地下空间利用现状及发展趋势》，《隧道建设》（中英文）2019 年第 2 期。

通协会发布的数据显示，截至2022年12月，中国大陆已有55座城市开通运营城市轨道交通线路，运营总里程达到10291.95千米。

城市地下道路

我国早期建设的地下道路，大多以地下立交和穿越城市障碍物的越江隧道、山体隧道为主。很多有湖泊的城市会在湖下修建城市道路，如南京玄武湖隧道、南昌青山湖隧道、苏州独墅湖隧道、武汉水果湖隧道和杭州西湖隧道等。[①]

随着城市地下空间开发利用的不断发展，地下车库联络道已逐渐成为城市核心区立体交通的常用配置，在众多大城市中央商务区广泛应用，是地下道路系统的重要组成部分。如无锡锡东新城地下环路、武汉王家墩地下环路和苏州星港街地下环路等。

近年来，在北京、上海等大城市中心区，规划并建设了系统化和规模化的地下道路系统。

2006年底，上海基本建成“三环十射”地下道路格局，“三环十射”承担市区大容量、中长距离交通功能，其中，快速路达708千米，主次干线达1582千米[②]

2007年，国内首个城市地下交通环廊——中关村西区地下环廊开通。这条全长1.9千米的环廊可引导5000辆待

---

① 参见油新华、何光尧、王强勋等《我国城市地下空间利用现状及发展趋势》,《隧道建设》(中英文)2019年第2期。

② 同上。

停车辆改走地下，实现人车分流，同时，有10个出入口与地面道路相通，大大缓解中关村地区的交通压力。

2007年，深港西部通道开通，它是中国境内一条连接深圳市与香港特别行政区的快速通道，北起深圳湾口岸，南至香港屯门蓝地，全长5.5千米，其中下沉式隧道（东滨隧道）总长3.09千米。

2020年，广州南沙区客运港完成了其周边道路改造，在兴沙路下方设置连接邮轮母港和地铁4号线“南沙客运港站”的地下通道，通道全长542.4米。

广州国际金融城起步区建设了共计49条道路，其中，花城大道建设工程修建了17条地下车道，金融城起步区内交通道路建设工程修建了21条地下车行道，项目于2020年完成。

2021年，深圳前海地下道路一期工程开通，由桂湾一路、临海大道、滨海大道的地下道路，以及桂湾、前湾片区的地下车行联络道构成，规划总长约9.81千米，共设置18条地下联系匝道，沿线共联系33个地下车库，服务超15000个停车位，形成相互连通、逐级分流，独立、完整的地下交通系统。

2021年底，广州番禺万博商务区地下主环路开通，全长2.26千米，三车道单向逆时针循环布置，全面打通万博商务区地下交通“大动脉”，形成地面道路、地下环路、地铁轨道三维度立体交通格局，有效缓解长期困扰万博商务区的交通拥堵、市民出行不便的痛点难点问题。

地下停车库

我国的地下停车库建设大致开始于20世纪70年代，在北京、上海、广州等大城市以“备战”为指导方针建起了一些专用车库，并保证平时也能使用。现在，我国各大城市中有相当部分企事业单位，已建造了自用或公用的地下停车库。

从全国规模来看，虽然近五年新建购物中心等商业停车配比已超过国际惯例标准，然而城市地下车库的供给尚不能满足城市机动车快速增长的需求。据国家统计局数据，截至2022年末，我国民用汽车保有量为31903万辆，其中私人汽车保有量达27873万辆。随着私人汽车保有量持续快速增长，不但城市交通拥堵越发严重，而且“停车难”成为城市通病，以人防工程配建地下停车库，依然是城市地下空间开发的重要部分。

地下市政设施

地下管廊（线）

随着我国城镇化进程的快速推进，城市基础设施建设也得到了长足发展，尤其是地下市政管网建设。《中国城市建设统计年鉴》显示，截至2020年底，全国四大类城市地下管网（供水、排水、燃气、热力）总长304.1万千米。

中华人民共和国成立后，城市地下综合管廊的建设开始起步。

1958 年北京天安门广场进行改造，在地下敷设综合管廊 1 千米。

1994 年上海浦东新区建成国内第一条规模较大的地下市政综合管廊——浦东新区张杨路综合管廊，总长度约为 11.125 千米，被称为“中华第一沟”，收容了给水、通信、电力、燃气四种城市管线，其配套设施和管理系统也较为成熟。

我国高度重视推进城市地下综合管廊建设，2013 年以来先后印发了《国务院关于加强城市基础设施建设的意见》《国务院办公厅关于加强城市地下管线建设管理的指导意见》，部署开展城市地下综合管廊建设试点工作。2015 年管廊建设开始了井喷式的发展，到 2022 年 6 月底，全国 279 个城市、104 个县，累计开工建设管廊项目 1647 个，长度 5902 千米，形成廊体 3997 千米。

地下雨洪调蓄设施

由于我国东部主要发达城市大都处于太平洋季风影响范围，汛期的城市排水防涝是城市重要问题，但城市管网建设滞后是国内城市的通病。

我国地下雨水调蓄的实践以上海世博园为代表。2010 年，上海世博园浦东园区采用雨污分流的排水系统，建设了 4 座总存储量达 19800 立方米的雨水调蓄池，调蓄池出水均排入黄浦江。

苏州河深隧工程是上海市深层调蓄管道系统工程的先行段，全长 15.3 千米，最大埋深达地下 60 多米，直径

10米，蓄水容量达到70多万立方米。

地下污水处理厂

自20世纪90年代起，随着我国经济的快速发展，一些经济较为发达的城市对土地集约利用和环境景观有了更高的要求，因此地下污水处理厂建设得到了一定程度的发展。截至2017年，我国运行的地下污水处理厂有27座，在建的有数十座，且规模越来越大。

如已建成的北京槐房再生水厂，是亚洲最大的全污水处理厂，占地面积约31公顷（1公顷=10000平方米），全部处于地下，日处理量为60万吨，相当于200万个家庭的日排水量。

广州市石井净水厂是广州市最大的全地埋式污水处理厂，占地面积14.68公顷，日处理量为30万吨。

地下垃圾转运、处理设施

由于地下垃圾转运、压缩、处理设施相对于其他大型市政站场设施占地小、成本低、易推广，全国在2007年以后多个城市都开始尝试实践地下垃圾处理设施。

国内的第一个应用于商业项目的地下垃圾收集系统于2008年在北京建成；本溪、铁岭、南京等都建了地下垃圾收集中转站；广州建设了地下垃圾压缩站；2010年上海世博会期间，世博园建起了一套国内最大的“智能化垃圾气力输送系统”。

全国首座2000吨全地埋垃圾压缩转运中心——武侯城乡环境综合治理中心，于2022年9月在成都开始试运行。

地下变电站

我国地下变电站主要集中在北京、上海等大城市，自1969年北京东城建成35千伏战备用地下变电站起，至目前我国已经有超过100座地下变电站建设并投入运营（仅上海截至2010年在建和建成的地下变电站已有46座），2009年投运的500千伏世博园地下变电站是国内规模最大的地下变电站。

国内主要城市的地下空间开发利用情况[①]

北京、上海

北京、上海作为国内地下空间开发利用规模最大的两个城市，地下空间开发水平远超其他城市，具体体现为：交通节点地上地下整合的综合交通枢纽已经建成；附建于高层建筑下的地下商业和停车库在市区已经普遍应用，很多已经和地铁站点相连实现了整合开发；地下商业发展蓬勃，正在朝内涵多元、区间一体化发展；地下交通以地铁、公路隧道和地下立交形式为主，地下快速路网已纳入规划

① 参见程光华、王睿、赵牧华等《国内城市地下空间开发利用现状与发展趋势》,《地学前缘》（中国地质大学［北京］；北京大学）2019年第3期。

和建设中，综合管廊正在配套主干道路共同建设。

此类城市浅层地下空间已大规模开发利用，正在向次深层和深层发展。例如，上海北外滩星港国际中心工程地下空间最深处达 36 米，北横通道工程开发深度达地下 48 米，待建的地下调蓄管廊深度达 50 ~ 60 米。

南京、武汉、成都等区域中心城市

南京、武汉、成都等区域中心城市随着轨道交通网的逐渐形成，地下轨道交通的换乘站逐渐增多，围绕地铁枢纽和经济中心建设的地下交通、商业综合体逐步建设、成型。但总体与北京、上海相比，地下空间利用的规模仍然有较大差距，建设水平不高，开发深度仍旧以浅层为主，仅少量地铁枢纽、区间线路深度达到 30 米左右，地下市政设施、仓储利用水平不高，单建式人防工程建设滞后。

郑州、西安、青岛等快速发展城市

郑州、西安等中西部省会城市，以及青岛等东部快速发展的城市，人均 GDP3000 ~ 6000 美元，均迈进地下空间发展的“黄金时期”，正在积极进行地下轨道交通建设或规划。此类发展阶段城市的特征是开发强度有限，开发深度浅，布局分散，功能较为单一。地下空间利用功能以建筑的附建地下储藏室、地下停车场为主体，少量分散分布地下商业，而市政等功能尚未形成规模。开发深度通常在地下 15 米以内，浅层地下空间资源并未完全开发。

其他地级及以下城市

东部地区的多数地级市和中西部地区省会城市，大部分地下空间为单体建设，开发强度低，开发深度浅，功能单一，以过去的人防工程为基础，新建建筑的附建地下储藏室、地下停车场占了绝大多数，尤其是市政设施和公共空间的地下化尚未起步。地下空间规模较小，零散分布。开发深度通常在地下 5 米以内，少量在地下 10 米以内。

方兴未艾：着眼打造“第五季”城市

发达国家的城市地下空间的开发利用经过 100 多年的探索、实践，在规划和开发利用技术方面已相对成熟，形成了一套规范的体系，逐步向全功能、全深度、集约化、层次化开发模式迈进，规划利用的最大深度已达到地下 100 米。

我国几十年的城市地下空间建设发展，也为我们积累了很多宝贵的经验，除地下交通、地下市政发展迅速外，还开始将城市地下空间的开发利用与商业发展相结合，并着眼打造功能齐全的“第五季”城市。

超级地下城

截至 2019 年，北京、上海、深圳地下空间建筑面积分别达到 9600 万平方米、9400 万平方米、5200 万平方米，这三座一线城市已然步入地下造城时代，南京、杭州、武汉、西安、苏州、深圳等城市地下空间发展迅速，许多大型地下城不断涌现。[①]

如北京王府井商业区、北京金融街中心区、北京 CBD 核心区、北京通州新城运河核心区，地下空间建筑面积均大于 50 万平方米；上海虹桥商务区核心区，地下空间建筑面积约 100 万平方米；苏州太湖新城地下城，总建筑面积达 30 万平方米；深圳前海合作区地下新城，开发体量居全球前列、开发深度 30 米、地下规模高达 660 万平方米。

这些超级地下城究竟是什么样子？下面以苏州太湖新城地下城、武汉光谷中心城地下城这两大星级地下空间为典型代表，介绍集基础配套、餐饮、娱乐、零售、观光于一体的商业综合体的魅力所在。

苏州太湖新城地下城位于苏州市吴中太湖新城核心区，南北呈 T 形，全长约 900 多米。项目总占地面积约 10 万平方米，总建筑面积约 30 万平方米，是全国首个获得绿色建

---

① 参见钱七虎《利用地下空间助力发展绿色建筑与绿色城市》，《隧道建设》（中英文）2019 年第 11 期。

筑三星级标识认证的独立式地下空间，是太湖边最大的地下城建筑，也是国内单体量地下建筑面积最大、理念最新、结构最复杂的地下空间。

苏州太湖新城地下城整体共三层，地下一层为商业，地下二层、三层是停车场。项目秉承“智慧城市”“绿色科技”的理念，设置19个下沉式广场、24套光导管、6个大型采光天窗，以最低能耗的方式，实现地下空间的自然通风和日间采光。

▶ 苏州太湖新城地下城（中轴大道鸟瞰剖面）

造型如波浪一般的水盘天窗，犹如太湖的水底景象显现在水盘下方，打破传统地下空间给人带来的视觉局限和压抑心理，融合了自然气候：晴天时，日光透过水盘，谱照入地下空间，营造出水纹莹莹、波光粼粼的胜境；雨天时，雨珠滴入水盘，如“大珠小珠落玉盘”，雨幕的浪漫从电影里“走”了出来，给人以舒适感。在晴雨之时分别呈现不同的美景，甚是梦幻。

此外，地下城里设置了超万平方米大型沉浸式游戏剧场——苏州往事，还原文化古城苏州森罗万象的闹市景象。Z 世代超时空场景体验街区——粮城吉食规划了 4 大时空场景，顾客可以体验到苏州古早味与未来科技“食”空的激情碰撞。

▶ 苏州太湖新城地下城水盘天窗

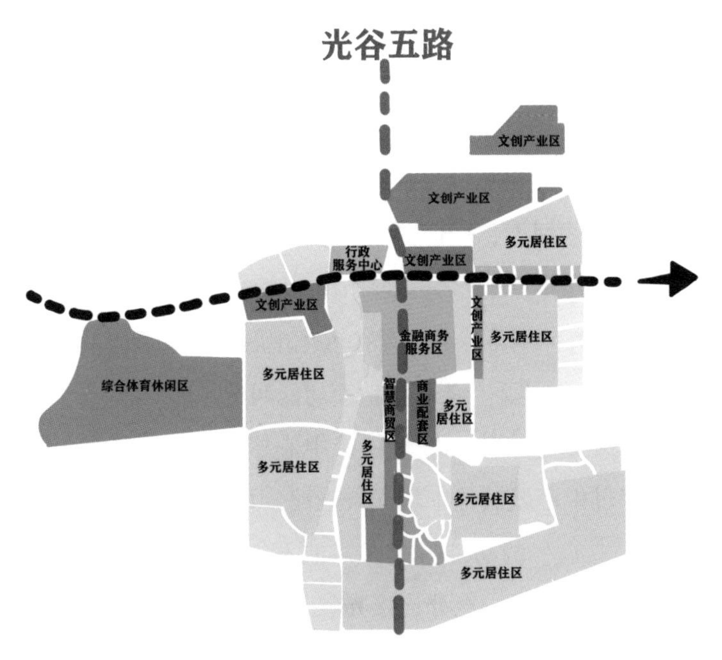

武汉光谷地下城平面图

武汉光谷中心城地下城总建筑面积约58万平方米，是国内最长的地下空间走廊，被称为“超级地下城”。相对于传统意义上的普通地下空间，超级地下城承载了更多元的功能，涵盖交通、购物、办公、娱乐、文化等设施，共计三层，最下层位于地下27米以下，为轨道交通、地下停车场、市政管廊、地铁站等；中间层为多元商业体，人们可以在此不受风吹日晒惬意步行；最上层为下沉广场和公共绿地。

超级地下城沿光谷中心城中轴线而建。除了地铁11号线、19号线、13号线在此下穿，还规划了庞大的地下管廊及娱乐休闲综合体。

总体布局上，打造三条全天候的地下公共空间走廊，沿神墩一路、光谷五路和望月路的地下公共空间走廊，将串联城市公共功能，实现覆盖核心区约 60% 的公共建筑。

功能区划上，3 条城市干道和新月溪公园将中轴线区划分成高端零售区、文化展示区、水岸餐饮区、次中心时尚区、体育休闲区形成 5 个特色化主题的地下空间功能区，5 个特色主题地下功能区与地面功能匹配。

未来，超级地下城将覆盖中心城核心区域 50% 的面积，穿过中心城黄金中轴光谷五路，该区域未来将承担光谷“主中心”的功能。同时，地下空间与周边地块都预留有联系的接口，充分连接光谷五路两侧街区，使地下空间最大限度地服务于开发地块，提升光谷五路沿线土地价值。

地下空间与“第五季”城市

未来，随着科学技术的发展，在许多高纬度、冬季气候严寒的城市，充分利用地下空间的恒温、恒湿特性，能够开发建设一个像地上一样充满生机的世界，汲取四季之精华，无论是设施功能、气候还是生态环境，同样宜居、舒适，就像游离于四季之外的另一个季节——这就是未来的“第五季”城市。从地下空间的角度来解读，即利用地下空间的特性，创造出一个能够抵御外部恶劣气候的地下

▶ 冬季的高纬度城市

宜居空间。

加拿大的蒙特利尔位于严寒地带，正是利用地下空间恒温、恒湿，以及良好的抗灾防护性，建成了一座可以抵御外部气候环境的地下城，成为开发地下空间打造“第五季”城市的标杆和典范。

我国东北地区的地理位置、气候条件与蒙特利尔相似，纬度较高，到了冬季，平均气温为零下 20 摄氏度左右，寒冷且漫长，对冬季出行和通勤造成很大的阻碍，为了抵御严寒，人们大多情况下只能在家中“窝冬”。如果利用地下空间，将工厂、写字楼、商业中心、学校、住宅小区等连通，打造出温暖如春，集交通、市政、商业、文化、娱乐、健身于一体的“第五季”城市，将是解决当地居民冬季出行和通勤的有效方法。

未来展望

虽然我国在规模和发展速度方面，已经成为地下空间开发利用大国，但不容忽视的是，大多数城市地下空间开发利用仍处于起步阶段。同发达国家相比在开发理念、开发强度和开发方式方面有显著的差距，未来地下空间开发利用供需矛盾依然十分突出，无法满足解决“大城市病”、突破城市发展困局的需求。

“十四五”期间，中东部发达城市及西部中心城市对未来 5 年城市地下空间开发建设进行了全面布局，如《南京市“十四五”地下空间开发利用规划》计划未来 5 年内年增 400 万平方米的开发容量；深圳市“十四五”期间将开启“地下造城”时代，新规划了 45 个地下空间重点开发地区；杭州、武汉、郑州、成都、西安等城市亦进行了城市地下空间的全面规划。

正在建设中的雄安新区，按照“世界眼光、国际标准、中国特色、高点定位”总要求，着力打造地上地下“两个雄安”，未来数年将大规模开发包括地热在内的地下空间资源，已成为科学合理利用地下空间、构建透明立体城市的标杆。

应该说，我国城市地面基础设施日趋完善，地下空间开发建设方兴未艾。可以预料，在今后很长的历史时期内，随着人们对美好生活的追求，地下空间建设将从狭义地下工程拓展为空间、能源、资源和生态“四位一体”的工程。

大规模地开发利用地下空间资源，不仅仅是解决城市土地资源紧张、能源匮乏、气候和环境恶化、“大城市病”日趋严重等挑战的破局之道，更是顺应城市发展规律，提升城市发展品质和人民生活水平，推动城市高质量可持续发展的必由之路。

隧道
井四
井三

第04篇

破局之道

——城市高质量发展和城市现代化的责任与使命

导语

习近平总书记在党的二十大报告中指出：“高质量发展是全面建设社会主义现代化国家的首要任务。发展是党执政兴国的第一要务。”

城市发展是一个国家和地区经济发展的重要标志。随着我国城镇化率的快速提高，城市高质量发展及城市现代化已成为当前我国经济社会发展的核心动力源泉。

然而城镇化加速的同时，也给我们带来了土地紧缺、城市交通拥堵、环境污染等导致的气候恶化、自然和人为灾害频发、不可再生能源日渐紧缺等危机，成为城市高质量发展及城市现代化建设的困局和挑战。

城市地下空间的开发利用，用存量换增量、用地下换地上，能够完善城市空间结构、促进城市主体集约发展、解决城市建设土地供需矛盾、有效化解“大城市病”、提升城市灾害防御能力；同时，城市基础设施的“地下化”，既可节能减排，又能腾让地表空间，提高城市碳汇。

推动城市高质量发展及城市现代化已经成为新时代的要求，满足人民日益增长的美好生活需要是我们的历史使命。要实现这个伟大的历史使命，应以拓展城市空间容量，赋能城市更新，增强城市韧性，增汇减排，发展地下清洁能源，释放新动能驱动经济倍速发展等方面为目标导向，探索破局之道。

地下空间的特殊属性和独特优势，将为实现新时代城市高质量发展及城市现代化提供可能。

习近平总书记在党的十九届五中全会第一次全体会议上，就《中共中央关于制定国民经济和社会发展第十四个五年规划和二〇三五年远景目标的建议》起草的有关情况向全会作说明，并从国内国际两个大局的高度，对高质量发展做出精辟而深刻的论述："当前，我国社会主要矛盾已经转化为人民日益增长的美好生活需要和不平衡不充分的发展之间的矛盾，发展中的矛盾和问题集中体现在发展质量上。这就要求我们必须把发展质量问题摆在更为突出的位置，着力提升发展质量和效益。"

推动高质量发展已经成为新时代发展的鲜明旗帜，这就要求我国在各个领域、各个层面都要贯彻高质量发展的要求，这当中必然包括城市的高质量建设发展。

城市作为经济社会发展的主阵地与增长极，是高质量发展的重中之重。衡量城市高质量发展的维度，除经济、社会、城市开发程度、城乡统筹外，还包括城市空间结构、生态环境等方面。

新中国成立 70 余年来，中国城镇化发展取得了举世瞩目的伟大成就。据国家统计局数据，2020 年，我国城市数量达到了 687 个，常住人口城镇化率达到了 63.89%。城市建成区面积增加到了 6.13 万平方千米。仅地级以上城市地区国内生产总值就达到61.2万亿元，占全国GDP总量的60.7%。城市建设发展已经成为当前我国经济社会发展的核心动力源泉。

然而，城镇化快速发展的同时，也带来了“不平衡不充分”的问题。土地资源紧张，“大城市病”日益加剧，自然灾害和人为灾害频发，气候和环境恶化，能源危机步步紧逼……这一切都正在严重破坏美丽中国建设，与满足人民日益增长的美好生活需要相背离。

城市作为国家和地区经济发展的重要标志，是实现中国式现代化的桥头堡。新时代背景下的城市化实践应更加强调高质量发展，即高度发达的生产力和科学技术，完善和高效的城市基础设施，清洁优美的城市环境，丰富的城市文化，高水平的城市管理，高素质的城市人口和高度的精神文明，有效的防灾减灾能力，以及土地资源、水资源和能源的高效利用，等等。其根本在于解决城市建设质量“高不高”、城乡居民“满不满意”等关键问题。

地下空间的独特优势

回顾近一个世纪世界城市发展的历程，我们逐渐意识到，高架桥、高层建筑并不能从根本上解决城市土地资源紧张、交通拥堵、灾害防御、环境恶化和能源危机等问题，而城市地下空间的优势和潜力，恰恰能有效解决这些问题，形成了地上空间、地面空间和地下空间三维式协调发展的城市空间兼容模式。

那么地下空间到底有什么样的属性和特点来解决城市发展所面临的各种问题呢？

多层次利用性

地下空间资源按开发利用深度竖向分层可分为：浅层（地下 0 ~ 15 米），用于地下市政设施、地下停车场、地下交通、地下商业空间及文娱空间；次浅层（地下 15 ~ 30 米），用于地铁、雨水调蓄、地下变电站、物流仓储、地下工业等；次深层（地下 30 ~ 50 米），用于地下高速公路、特殊管道；深层（地下 50 米以下），用于危险品仓库、废液灌注、冷库、贮热库、油库、深地实验室及地下军事工程等。可一次性多层开发或多次分层开发，实现空间立体化和土地多功能复合利用的重叠和穿插，具有可分层利用及分期实施的特点和优点。

良好的抗灾和防护性

地下空间是以土体或岩体为介质的环境，具有致密性和构造单元的长期稳定性。

地下建筑处于一定厚度的岩土层覆盖之下，抗灾性和防护性大大优于地面建筑，可免遭包括核武器在内的空袭、炮轰或爆炸等破坏。同时也能较有效地抗御地震、飓风等自然灾害，诸如台风、雷电、冰雹等自然极端天气根本无法给地下建筑造成直接影响。

比如，1976 年唐山大地震中，有超过 24 万人死于地面建筑毁坏严重，而地下工程在地震后绝大部分完好无损，深部矿井和人防工程中人员无人一伤亡，大大减轻地震造成的损害[①]。日本的研究也表明，岩石洞穴在地震条件下是高度安全的，比地上结构具有更多优点。超过地下 30 米深处的地震加速度约为地表处的 40%，当地政府把地下空间指定为地震时的避难所[②]。还有联合国规定，一切核防空洞必须建设在地下，正是利用了地下空间的防空、防爆、抗震、防辐射等特性。

单一的环境性

地下空间的恒温性、恒湿性、隔热性、遮光性、隐蔽性远远强于地表，开发城市地下空间，能充分发挥这些优势。作为交通隧道、工业设施可收集处理尾气、降低噪声；作为储藏空间可节约能源，降低碳排放，缓解城市环境污

---

① 参见何朋立、郭力、王剑波《论 21 世纪我国城市地下空间的开发利用》，《隧道建设》2005 年第 2 期。

② 参见童林旭《城市地下空间资源评估与开发利用规划》，中国建筑工业出版社，2009，第 6 页。

染问题。

此外，地下空间环境优良，是储存能源、粮食、贵重物品、核心机密的良好场所，也是地下科技实验的理想安全场所。2019 年上海张江硬 X 射线自由电子激光装置项目开建，成为我国城市深部科技基础设施建设的先例。

资源开发潜力巨大

据中国地质调查局发布的《中国城市地质调查报告（2017）》，我国主要城市可供开发的地下空间资源量约为 90 亿平方米，仅浅层应用就可置换地表土地面积约 5860 平方千米。可见，地下空间资源开发潜力巨大，在扩大城市空间容量上能够起到不可替代的作用。

此外，地下空间还蕴藏着丰富的地热能源（浅层低温能、地下热水、干热岩），可供城市建筑物用于供暖、温泉洗浴、医疗康养等，在农业种植和工业发电等领域也有广泛应用。随着开采技术的成熟，干热岩将有望成为替代化石能源的重要清洁能源。

拓展城市空间，解决土地供需矛盾

自 20 世纪 90 年代起，我国大中城市建设用地保持年增长率近4%的扩张速度，城市扩张占用耕地比例大，平均达70%左右，在西部地区甚至高达80%，严重挤压优质耕地资源。耕地保护已成为影响社会和经济可持续发展的重要因素。

有关研究人员做过这样的测算，在不考虑经济条件、施工技术条件及地质环境约束的前提下，如果把地下空间的开发深度限定到地下100米，开发范围限定在城市建成区总面积的40%，则可供合理开发的地下空间资源量相当于一个容积率平均为5的城市地面空间所容纳建筑面积的1.35倍，即使是扣除因不良地质条件而不宜开发的部分，可供有效利用的地下空间资源的绝对数量仍十分巨大。

国外经验

当今世界，许多国家都把对地下空间的开发利用，作为缓解城市用地紧张的重要途径。一些国家因城市人口密度大、土地资源紧张而大规模开发城市地下空间，主要为亚洲的两个国家：日本和新加坡。

日本立体化利用地下空间

日本地域狭长，四面临海，是多山群岛之国，平原较少，只占总面积的25%，耕地面积仅占12.9%。全国的人口密集地分布在中部和太平洋沿岸狭长窄小的平原地区。尤其大中城市人口十分拥挤，仅东京、大阪、横滨、名古屋四大城市的人口数量就占总人口数量的约20%。近代以来，日本从本国的自然条件出发，特别是随着工业化、城市化的发展，把开发利用城市地下空间作为保护土地资源，维持生态平衡的一项重要手段。

日本地下空间开发利用虽然比北欧的一些国家起步晚，但其成熟程度有目共睹。生活在国土狭小而人口密度甚大的日本，能时刻感受到空间的立体运用。从高耸入云的大厦，到跨越海峡的高架桥，再到日均流量达上千万的地铁网、商店鳞次栉比的地下街、用于通信和能源供应的地下综合管廊。人们的活动范围不再仅仅限于阳光普照的地面，在深层的地下空间里，同样存在一个生机勃勃的世界。甚至可以说，日本人每时每刻的生活都已经与“不见天日”的地下空间紧密联系在一起。

日本地下空间开发建设方面最大的成就在于轨道交通

日本东京、大阪、名古屋三大都市圈的轻轨交通以快速、高效闻名于世。该三大都市圈的快速轻轨交通的建设始于19世纪末期，到20世纪20年代，三大都市圈的快速轻轨交通网的骨架基本形成。在快速轻轨交通的建设中，日本政府、城市地方政府的主导作用以及民营资本的积极参与都起到了重要作用。第二次世界大战以后，通过不断地对原有线路进行改造和新线路的建设，使得三大都市圈的快速轻轨交通网日趋完善。如东京地铁于1927年通车，目前包括东京都交通局、东京地下铁两家公司共同营运的总共56条线路。截至2015年底，整个东京首都圈铁路系统总长度已达2500千米，位居世界第一。

现今，日本各大城市纵横交错、四通八达的地下交通为居民出行提供了方便。市中心大多为金融、商贸、文化集聚区，城内很少使用公交车，市民被地铁输送到郊区居住。

地下街和地下城的开发位居世界前列

据统计，目前日本已至少在 26 个城市中建造地下街 146 处，每日进出地下街的人数达到 1200 万人次，占国民总数的约 1/10。

1930 年，日本东京上野火车站地下步行通道两侧开设商业柜台，被视为“地下街之端”。1955 年以后，日本全国逐渐掀起兴建大型地下街的风潮。

如东京八重洲地下商业街，共两期工程，分别于 1964 年和 1973 年建成，由 7 家民营公司联合建设和经营管理，占地面积 3.5 万余平方米，建筑面积 6.4 万平方米，商业空间面积 1.84 万平方米，总体上呈 I 形布局，与城市道路走向吻合，其南北向长约 440 米，东西向长约 300 米，是日本较大的地下商业街之一。八重洲地下商业街设置出入口总数 42 个；地下建设共 3 层，地下一层以商业街为主，主要为出租店铺，店铺总数 169 个，其中服饰店 95 个、饮食店 63 个、休闲服务店 11 个；地下二层为停车场，设置停车位 516 个，日均停车 1500 辆；地下三层主要为设备用房。整个地下空间与东京火车站和周围 16 幢大楼相连通，内部空调、供电、供水、消防以及其他灾害应急系统齐全。

再如 1997 年建成的大阪长堀地下街，全长 760 米，建筑面积为8.2万平方米，地下共4层，商业街内共有100家店铺，地下停车场有1030个停车位。由于地下街连接了建筑物地下空间与公共地下空间，所以能够起到形成地下步行网络、疏导大量人流、改善城市步行交通环境和活跃商业等作用。

▶ 大阪长堀地下街

日本地下敷设着数不清的电力线、通信线以及煤气和自来水管道[①]

这些地下设施已成为日本人重要的生活基础。为保证城市生活的正常运转，并提供更加安全、舒适的生活环境，各种各样的地下设施在不断地健全和完善。

以首都圈为服务区域的东京煤气公司，利用地下管道向所属服务区域提供冷暖设备用水和气。例如，新宿副都

---

① 参见王柞清《日本城市地下空间开发的经验与借鉴》,《江苏建设》2018年第1期。

心[①]的办公楼街区，东京煤气公司利用设置在地下隧道（直径约 4 米）内的管道（约长 2 千米），将蒸汽和冷水输送到各幢大楼以调节室内温度。因为热源设备集中在一处，所以效率较高，既能对排出的热能进行再利用，又能实行集中管理。

通信领域也在不断扩大对地下的利用。日本最大的两个电信电话公司 NTT 东日本和 NTT 西日本，在日本各地

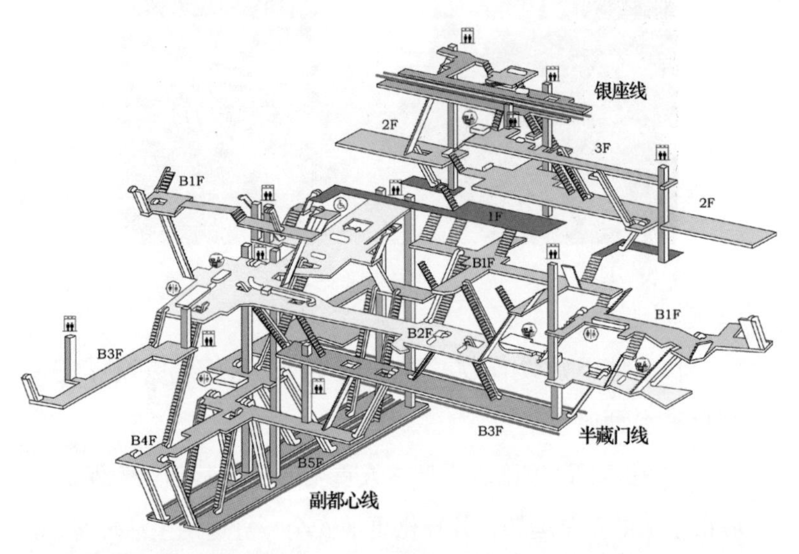

▶ 涩谷站结构立体图

注：涩谷地下交通枢纽，用地 9640 平方米，建筑面积 14.4 万平方米，地上 34 层，地下 4 层，高约 182.5 米，集办公室、商铺、饮食店、剧场、展厅、停车场、酒店、信息传播平台、学院等文化设施于一体。

---

① 日本称中央商务区为“都心”，并从“都心”的概念中发展出“副都心”。

大约地下 10 米深的地方构筑了类似隧道的地下空间，总长度达 600 多千米。其内部壁面密密麻麻地敷设着各种电缆，剩下的空间仅容一个人通过。

目前，日本已经形成了由地铁、地下城市综合体、综合管廊、地下输变电工程、人工地下河（下水道系统）等组成的地下空间开发模式。

新加坡分层化、全深度利用地下空间[①]

世界上没有任何一个国家和城市像新加坡一样面临如此严峻的土地紧张压力。

截至 2022 年，新加坡人口数量约为 545 万人，国土面积仅为 733.1 平方千米，人口密度约 7400 人每平方千米，预计到 2030 年人口数量将增加到 650 万 ~ 690 万人，而通过填海造地等方式可能增加的土地约 50 平方千米，因此人地矛盾将更为突出。

但是，在新加坡，即使在上班早高峰期地铁里也看不到拥堵的人流，其城市交通并不拥堵，居民出行方便，生活环境轻松，这与新加坡政府重视并积极有效地利用地下空间的行为是紧密相连的。

从 20 世纪 80 年代开始，新加坡先后建设地铁、地下商业街、地下停车场、地下管网系统、地下储存库、大型

---

① 参见李地元、莫秋喆《新加坡城市地下空间开发利用现状及启示》，《科技导报》2015 年第 6 期；虞振清《新加坡的地下道路建设》，《交通与运输》2013 年第 5 期；张彬、徐能雄、戴春森《国际城市地下空间开发利用现状、趋势与启示》，《地学前缘》（中国地质大学［北京］；北京大学）2019 年第 3 期。

地下公共空间等一系列地下空间工程。

2007年，新加坡国家发展部成立了一个专门机构——地下空间总体规划工作组，旨在绘制地下空间的长期发展蓝图，将地下空间发展置于战略层面。

2010年，新加坡政府战略委员会将开发地下空间提升到国家战略高度，将地下空间发展作为政府长期经济战略的一部分。

新加坡《国家土地法》规定，地表以下的空间都属于地下空间的范畴，土地所有权人可以“合理且必要”使用和享受的地下空间。为了宏观统筹规划开发地下空间，新加坡在2015年通过了《土地获取（修订）法案》，对地下空间的所有权和获取进行立法，允许政府购买私有土地一定深度以下的特定地下空间层位进行地下公共设施的开发。地下空间作为建设大型公共事业和设施的默认选项，如果不选择地下空间，计划建设单位必须提供充分理由。

2019年，新加坡公布的总体规划蓝图草案，提出了一种新的地下空间详细控制方案（ADCP），涉及滨海湾、裕廊创新区和榜鹅数码园区三个重点区域，计划建设6.50平方千米的地下城，包括地下交通枢纽、公共基础设施、仓储、工业等用途。随着时间的推移，这一计划还会涉及更多的区域。

总而言之，新加坡已将城市地下空间开发利用上升到国家战略层面，正举全国之力开发地下空间，拓展城市可使用面积。

新加坡的地下工程涵盖了更为广泛的内容，如地下综合体（地下科学城）、地下仓储设施（地下石油储存）、地下管网系统（城市共同沟）、地下物流系统等。

新加坡的地下空间规划利用是分层进行的，其最大的规划利用深度已达到地下100米。在浅层地下空间（地下15米以内）布设了综合管路隧道、变电站等地下市政设施、物流系统以及地下人行通道、公交换乘站等地下交通设施；在次浅层地下空间（地下15~30米）布设了地下高速公路、地铁；在次深层地下空间（地下30~50米）布设了深隧排水系统；在深层地下空间（地下50米以下）布设了深部电力设施、地下仓储设施（地下石油储存）、军事设施及大型储水库。

特别是对于深层地下空间的利用，新加坡堪称全球典范。

如新加坡地下20~55米深处的深隧排水系统，这个系统包括一条长约48千米的排水深隧道和一座污水处理厂（樟宜污水处理厂），排水隧道直径最大6米，隧道埋深（地下20~40米），污水处理厂的设计排水量为每天 8×10^7 立方米。考虑到新加坡将来可能出现的缺水状况，该污水处理厂设计时预留了将处理过的污水净化为工业用水的接口。

新加坡地下最深的电缆隧道深入地下60米，相当于20层楼高，比一般的地铁隧道还要深1倍。该电缆隧道可装置电压高达400千伏的电缆，以应对130万个家庭、商业和工业用户日益增加的电量需求。

新加坡计划利用花岗岩优越的抗爆性能，在万礼花岗岩地层中建设地下军火弹药储存库。该弹药储存库建造在地下数十米，与地面军火库相比，所需安全地区面积可以减少 90%，相当于 400 个足球场。同时，由于花岗岩的隔热作用，电力消耗只有地面军火库的一半。

近年来，新加坡为了应对可能遭遇的石油危机，开始着手修建地下石油储存库。根据新加坡地质条件特点和经济战略布局的要求，在位于新加坡西部由 7 个小岛填海造陆而成的人工岛——裕廊岛修建了地下储油库。储油库于

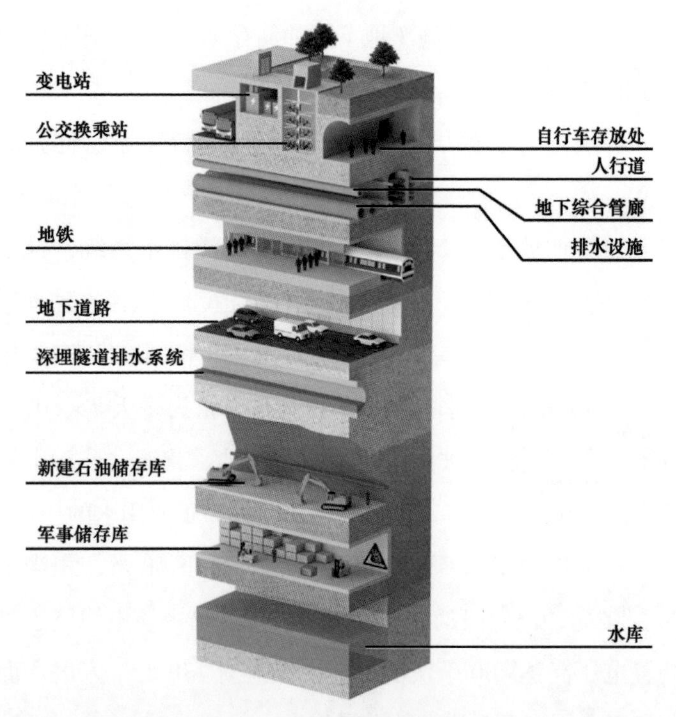

▶ 新加坡大深度、全功能地下空间分层利用示意图

2016年底竣工，位于海床以下距地表150米深处，共有5个单独的储油空间，可储存147万立方米的液态碳氢化合物，容量相当于600个奥林匹克游泳池。

通过分层开发、功能分区，实现了有限的、不可再生的地下空间资源的最优化配置，发挥了最佳功能，新加坡的经验已使城市地下空间开发朝全深度方向迈出了坚实的一步。

国内案例

近年来，我国许多城市正在考虑通过大规模开发利用地下空间，尤其对矛盾最集中的城市中心区进行地下空间开发，来解决用地紧张、交通拥挤等问题。

武汉市实施土地资源节约集约利用，积极推进开发地下空间

武汉市是我国人口过千万的超大城市之一。近年来随着城市化快速发展，城市人口不断积聚，土地资源日趋紧缺，人地矛盾也日益凸显，对地下空间开发诉求也越来越高。

武汉市高度重视地下空间的开发利用，经过近10余年的发展，全市地下空间项目约5000余项，总规模约4500万平方米，包含轨道交通、跨江（湖）隧道、车行路、人行通道、停车、商业、人防、市政管线、综合管廊及场站等多种功能类型。

截至2022年12月，轨道交通建成通车11条线，总

长度达 460 千米，有 291 座站，居全国第六位。地下管线包含给排水、电力、燃气、热力、通信等，总长度约 3.2 万千米，以直埋式建设为主。地下停车场及人防工程以开发项目配建为主，近年来增量明显，地下停车场较好地服务于城市停车，人防工程指标逐渐向国家标准看齐。地下道路方面，建有长江隧道、水果湖隧道、东湖隧道以及三阳路隧道等长距离跨江跨湖隧道，其中长江隧道是万里长江的第一条隧道，东湖隧道是我国最长的城中湖隧道，在武汉中央商务区域还建有地下环路，满足重点区域交通疏解的需求。地下商业项目共计 50 余项，主要分布于城市大型商圈地下及轨道站点周边，如光谷地下城、王家墩、武汉国际广场、江汉路、地一大道、钟家村、王家湾等地下商业街，单个项目地下商业平均建筑面积约为 1.8 万平方米，主要分布于地下一层。其中在建的武汉光谷地下空间涵盖轨道交通、地下管廊、地下走廊、综合体商业体、地下物流车道，总建筑面积为 58 万平方米，相对于 72 个足球场，建成后将成为全球规模最大的单个地下空间项目以及全国最长的地下空间走廊。

目前，武汉市在发展城市地下空间，推进城市土地资源节约集约方面，取得了突出的效果，并形成了可推广的经验做法。

一是加强规划引导，指导地下空间科学合理利用。

2007 年，武汉市首次制定实施了《武汉市主城区地下空间综合利用专项规划（2007—2020 年）》，为后续地下空间规划及建设奠定了坚实基础。

2017年，结合新一轮城市总体规划编制的契机，市政府要求从总体规划的高度研究地下空间对城市发展的重要作用，武汉市又制定实施了《武汉市地下空间综合利用规划（2017—2035年）》，对武汉市全域主要涉及城市集中建设区范围（1144平方千米）内地下空间利用进行规划，重点规划范围为主城区，用地面积约522平方千米。规划重点涉及与城市建设或市民生活关联度较高的地下设施，具体包含地下交通设施、地下市政设施、地下公共服务设施和地下人防设施。

针对重点设施及重点区域，武汉市还专门编制有专项规划和控制性详细规划，如轨道线网规划、综合管廊专项规划、王家墩地下空间规划、汉正街地下空间规划等，指导其科学合理建设。

二是聚焦城市重点功能区，推进地上地下空间一体化开发。

重点功能区是承载武汉市城市重大职能的空间载体，是引领城市发展、展示城市形象的集中建设区。结合城市重点功能区在城市发展中的地位和建设特征，武汉市规划将该区域作为地下空间重点建设区，实行地下片块化、整体化开发，协调地上地下城市功能，建成多功能集成、地上地下一体的立体都市。

武汉中央商务区探索“上天入地”、地上地下一体化综合开发模式，向下开拓深逾28米的地下空间，将城市轨道交通站点、地下道路、停车场、商业空间等有机组织为超级地下城，采用地下公交站、立体化步行系统与商业空间相结合等形式创造节地空间；高标准建设地下环廊与公共交通设施，形成“地上步行、地下车行、无缝对接”的智能立体交通体系，在地下交通系统与地面之间，还建有层高 3 米的地下综合管廊系统，将供水、雨水、污水等 7 类城市工程管线均纳入综合管廊。

汉口滨江商务区二七核心区在旧改的基础上，通过“统一规划、统一设计、统一建设、统一招商、统一运营”的模式，并采取“先规划后建设、先配套后开发、先地下后地上、先生态后业态”建设方式，立足高标准高水平，开展地下空间、市政管网的一体化设计，提供交通换乘、商业休闲活动、集中停车、综合管廊等整体性配置，建设地下管廊系统，规划地下空间 125 万平方米，其中，商业使用空间 22.25 万平方米，道路基础设施使用空间 102.75 万平方米。

三是依托轨道交通站点，拓展浅层地下空间利用。

武汉市结合轨道站点及地面商圈建设地下公共活动空间、挖掘核心区域潜在的土地资源价值，依托轨道交通开发地下商业街总规模已接近 100 万平方米，主要分布于 47 个点状区域，轨道交通建设很大程度上提升了地下商业街的交通可达性，改善了地下空间的区位价值，市场建设积极性高，商业活力强。

在常青、三金潭、升官渡三处地铁车辆段，将地下及地面空间用于公益性地铁设施建设，将地铁设施屋顶平台以上空间用于成片开发建设，实现土地复合利用。以升官渡地铁车辆段为例，车辆站场位于三环线与龙阳大道交汇处，总用地面积270多亩，利用其中210多亩地铁设施屋顶平台以上空间开发建设复合住宅区及商业设施，规划建筑面积约40万平方米，并配套幼儿园、社区卫生站、文化活动站、托老所、公交站场等设施。在交通方式上采取地铁站点、公交系统与住宅区直接接驳，业主可以从站厅层直达小区入口，总体上形成交通出行便捷、配套设施完善的地上空间复合利用的节地示范工程。

武汉市远期规划建设24条轨道线路，线网总长度约1100千米，站点477座，承担全市36%的交通出行，围绕轨道站点，优化地上地下空间布局，打造“地铁城市”。

四是积极探索地下管廊和地下深隧综合利用。

武汉市还积极探索综合管廊、地下深隧、地下变电站等设施综合建设。其中，王家墩地下综合管廊始建于20世纪90年代，还有天河机场综合管廊、光谷中心城综合管廊、武九线综合管廊等，里程达96千米；地下深隧重点解决城市排污排涝问题，计划建设武昌区域和汉口区域两处，武昌区域目前正启动建设；地下变电站建成两处，是市政场站地下化建设的新起点。武汉市编制了覆盖全市域的地下综合管廊规划，2020年管廊总长度达141千米，至2035年达566千米，将很好地解决城市路面反复开挖和地下市政管线错综复杂的问题，提高地下管线的建设和维护水平。

▶ 武汉光谷地下空间局部剖视图

北京中关村西区大型地下综合体①

中关村西区位于北京西北部，是中关村高科技园区核心区的重要组成部分，占地面积 51.44 公顷，1999 年经国务院批准建设，其功能主要是：高科技产业的管理决策、

① 参见缑小涛、谢凯旋、孙天轶《地下城市综合体公共空间构成及整合策略——以北京中关村购物中心为例》，《建筑与文化》2016 年第 4 期。

信息交流、研究开发、成果展示中心；高科技产业资本市场中心；高科技产品专业销售市场的集散中心；全区定性为高科技商务中心。

中关村西区是地上地下综合开发而成的高科技商务中心区，其总建筑面积150万平方米，其中地上100万平方米，地下50万平方米。广场地面以海淀中街和北街为骨干，用地主体功能以金融资讯、科技贸易、行政办公、科技会展为主，并有商业、酒店、文化、体育、娱乐、大型公共绿地等配套公共服务功能。广场地下结合我国国情及自身的设计特点，将综合管廊作为载体，地下空间开发与地下环形车道融为一体，创立了“综合管廊 + 地下空间开发 + 地下环形车道”的三位一体的地下综合构筑物模式。该区域采用立体交通系统，实现人车分流，各建筑物地上、地下均可贯通。

地下分三层。地下一层是地下交通环廊、大型停车场以及超大型商业空间。交通环廊断面净高3.3米，净宽7米，有10个出入口与地面相连，另外有13个出入口与单体建筑地下车库连通，使机动车直接通向地下公共停车场及各地块的地下车库，汽车在交通环廊内可以通达社区的每一个停车场，大型停车场解决了整个区域的停车问题，没有给地面交通造成额外压力。地下二层为公共空间和市政综合管廊的支管廊，规划建设约12万平方米的商业、娱乐、餐饮等设施；地下一层和二层均配备停车场，规划建设10000个机动车停车位。地下三层主要是市政综合管廊主管廊，约 10 万平方米。

此外，管廊内还专门预留了一个出口，与地铁接通，使有车一族或乘坐公交车的人们都可以在这里换乘地铁。这样使得中关村广场无论地上地下、区内区外均有机地形成整体。

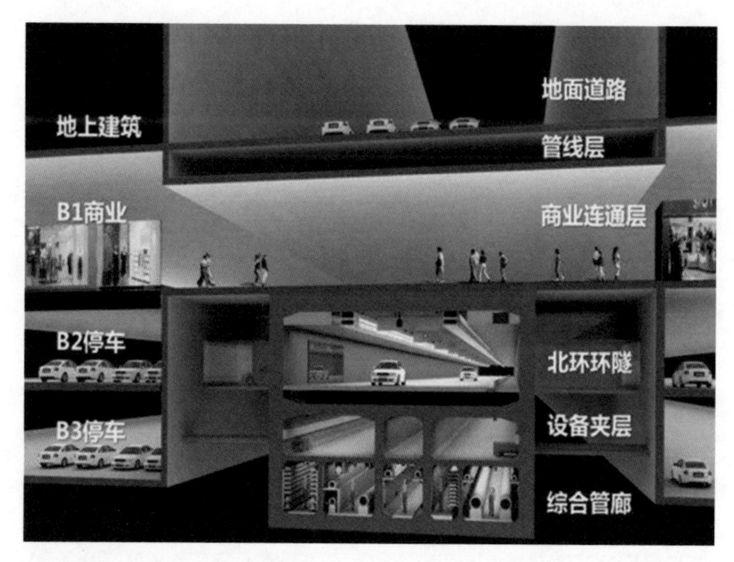

▸ 中关村西区地下空间分层利用

由于高强度整体式开发地下空间，容纳了大量城市功能，使地面上的环境质量保持很高的水平，建筑容积率平均为 2.6，建筑密度平均为 30%，绿地率达到 35%。中关村西区是我国城市中心地区立体化再开发、节约城市地表土地资源的一个范例，也是展示我国城市地下空间利用和地下综合体建设成就的一个窗口。

赋能城市更新，化解“大城市病”

2020年我国的常住人口城镇化率达到了63.89%，虽然与发达国家超过80%的城镇化率相比仍存在差距，但相较改革开放初期不到18%的城镇化率，40多年声势浩大的城镇化可谓使城市规模改天换地。短时期内如此巨大的社会运动，所伴随的是更为剧烈的空间变动。大量未利用地转化为建设用地，并形成了大规模的城市建成区，粗放的外延建设造成越来越显化的“大城市病”。

2020年底，党的十九届五中全会提出了实施“城市更新”行动。随着中国特色社会主义进入新时代，中国城镇化也开始进入下半场，城市的发展将从经济增长转向产业升级、发展公共空间、民生改善，以及城市功能完善、文化传承、环境提升，由过去大规模的增量建设，向存量的提质改造和增量的结构调整并重转变，从“有没有”转向“好不好”。

国家“十四五”规划提出，要加快转变城市发展方式，推动城市空间结构优化和品质提升。中国正全面进入了一场城市更新行动中。城市更新行动的首要任务，是完善城市空间结构，促进城市立体集约发展，从而实现完善城市功能、改善基础设施、提升环境品质、保护历史风貌等目标。在这一过程中，地下空间由其特有的功能优势赋能城市更新，在扩大城市空间容量、提升城市生活品质方面，尤其是在解决城市交通拥堵、停车难的“沉疴顽疾”中发挥重要作用。

当城市交通矛盾发展到一定程度后，经常会发生大面积、长时间的堵塞，单纯依靠在地面增加路网和拓宽街道已不可能疏导过大的车流量。这时，只能通过修建地下轨道交通、地下公路、地下步行道和地下停车库以缓解地面交通矛盾。

据国外经验，当一条城市干道上的单向客流量超过4万人次每小时，就有必要建地铁；当一条街道上的行人量超过2万人次每小时，建地下步行道就是合理的。此外，当车辆的数量增多到不可能在道路两侧占路停放，地面上又没有多余的土地可供建造多层停车库时，地下停车库可以满足大量停车需求。利用地下空间对城市交通进行改造，是最先开始，也是成效最显著的方法，并由此带动了其他方面的发展，成为城市地下空间利用的主要动因。

国外经验

美国波士顿中央大道改造工程

波士顿的中央大道是一条6车道高架公路，1959年开通时，每天能顺畅地通过7.5万辆车次。然而到了20世纪90年代初期，车流量达到每日20余万辆车次，使其成为美国最拥挤的公路之一，人们用在路上的通行时间超过 10 小时。高速公路重大事故率更是全州平均水平的 4 倍。

同样的问题也困扰了波士顿港与波士顿市区，以及东波士顿—洛根机场之间的两条连接隧道。如果不对“中央动脉”和港口过境道路进行重大改善，按当时的预计，在 2010 年之前波士顿每天可能会有 16 小时的堵车时间。

1991 年，联邦政府确定对中央大道实施改造。改造方案包括两个部分：一是在现有 6 车道高架道路的地下，新建 8 ~ 10 车道的地下道路，总长约 6 千米，建成后拆除原有高架路；二是新建一条至洛根将军国际机场的海底隧道。

地下高速公路开通后，拥堵时间缩短到早晚高峰时间的 2 ~ 3 小时。同时通往洛根将军国际机场的交通变得十分

改造前

改造后

▶ 波士顿中央大道干线改造前后对比

便利，不必通过 93 号州际公路，缓解了中央大道的交通拥堵。高架路拆除后约 11 公顷带形土地，改造成开放空间和绿地，并配置了博物馆等设施，美化了环境。另外，波士顿附近一些市镇，过去由于交通拥堵严重，与波士顿往来受限，而项目改造后方便了与波士顿的联系。

日本东京中央环状新宿线地下空间改造工程[①]

日本东京首都圈路网是以 9 条放射状线路和与之相连接的 3 条环状道路组成的路网体系。但由于 3 条环状道路修建不全，过境交通集中在都心环状线，使得都心区交通拥堵严重。都心环状线沿线分布密集的商业区和高级住宅区，若按规划方案采用地面或高架桥形式，不仅征地拆迁十分困难，而且会对沿线土地造成分割，影响地区经济活力和环境。

为了解决严重的交通拥堵问题，政府对环状道路进行了改造。中央环状新宿线北接 5 号放射状线路池袋线，南至 3 号放射状线路涩谷线，全长 11 千米，采用单管单层双向 4 车道的断面形式，全线共设 6 对出入口，连接池袋、新宿、涩谷三大副都心区，承担完善路网结构、分离过境交通的功能，并弱化地面交通，缩减机动车道，增加行人、自行车、绿化空间。中央环状新宿线工程穿越建筑与人口稠密区，在地下 20 ~ 40 米深处修建隧道式环状道路，这在

① 参见刘友煖《日本东京中央环状新宿线工程特点》，《中外公路》2009 年第 4 期。

世界上也是鲜见的。

中央环状新宿线开通后拥堵时间比通车前平均减少28%，高井至三乡平均行程时间缩短14分钟，并能有效缓解4号放射状线路新宿线交通拥堵情况，追尾事故减少41%。同时，中央环状新宿线周边道路延误减少33%，每年至少可减少2.5万吨二氧化碳、160吨氧化氮和16吨颗粒物的排放。

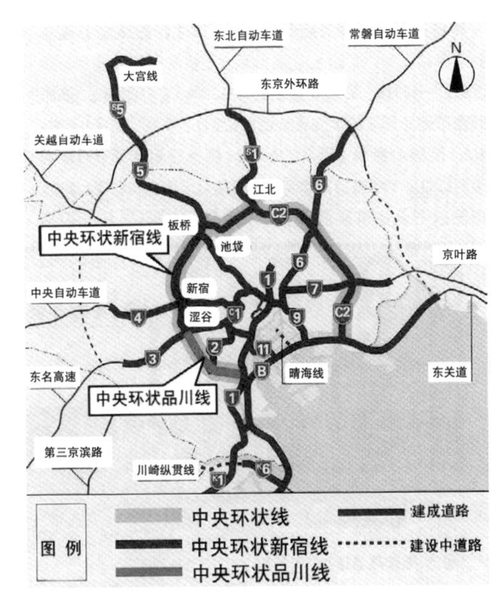

日本首都圈高速道路路况

国内案例

深圳前海地下道路[1]

前海深港合作区位于深圳规划“双中心”之一的前海

① 参见深圳城市交通规划设计研究中心有限公司《前海地下快速道路系统详细规划》，2014年5月。

中心的核心区域，总占地面积约 15 公顷，定位为未来整个珠三角的“曼哈顿”，重点发展高端服务业，发展总部经济，打造区域中心，并作为深化深港合作以及推进国际合作的核心功能区。规划总建设规模 2600 万 ~ 3000 万平方米，居住人口 15 万 ~ 22 万人，规划岗位 65 万 ~ 75 万个，开发强度大，达到了伦敦、纽约、巴黎 CBD 的开发量。

▶ 深圳前海地下交通枢纽剖面示意图

资料来源：中国建筑第四工程局有限公司网站

超大规模的用地开发必然带来超高强度的交通需求，前海需要形成以“轨道交通 + 慢行交通”为核心、各种交通方式协调发展的交通发展模式。为实现前海进出交通的快慢分离，前海提出了在片区内部规划建设地下道路系统。该地下道路系统主要承担前海对外快速交通以及内部三个片区之间的快速联系功能，同时也是前海综合交通枢纽接驳的快速集散通道。地下道路采用双向通行的形式，设置多组匝道与地面道路衔接，并规划匝道进入综合交通枢纽出租车场站、停车场等公共设施。

青岛西海岸新区立体交通打造城市治堵“新样板”[1]

青岛长江路是串联西海岸新区行政区、居住区、商业区、大学区等人流密集区域的一条东西主干道，交通流量大，行车条件复杂，现状人车混流造成通行不畅，尤其是上下班高峰时，拥堵尤为严重。为提升长江路通行效率，保障行人安全，改善沿线环境品质，2021 年，新区实施了长江路综合改造提升工程，对 8.8 千米路段进行拓宽改造，对沿线设施进行配套和绿化亮化提升等，打造新区的“长安街”。

向地下要空间，实现人走地下、车行地上，是此路段治堵的一大亮点。西海岸新区在该路段地下建设长 1300 米、宽 50 米，总建筑面积达 10 万平方米，包括 880 个停

① 参见马正拓《向地下要空间！西海岸新区打造城市治堵“新样板”》，《半岛都市报》，https://baijiahao.baidu.com/s?id=1714928323665376372&wfr=spider&for=pc。

车位的地下空间综合体，并建设数量众多的综合商业体、文化娱乐设施、购物消费区和餐饮休闲区等。同时，也充分考虑了与途经此路段的地铁1号线及13号线的配套接驳，打造了地面交通、地下商业体和地铁线互不干扰、高效安全的交通景观，满足市民出行休闲观光多层次需求。还注重与地上商业综合体的互联互通，沿线设置了数十个地上地下出入口和6处24小时的南北过街通道，满足辐射半径100米的出行需求。每处过街通道四角配套设置自动扶梯、监控、照明、通风、空调、巡检等服务设施，在武夷山路、井冈山路、庐山路三条市政道路两侧设置6部24小时的无障碍电梯，为行人和特需人群提供人性化、安全便捷的过路通道。

▸ 青岛市西海岸新区长江路地下空间开发三维效果图

增强城市韧性，提升灾害防御能力

人类的生存依赖于大自然，随着城镇化的加速，城市作为人口集中的区域，城市环境以及城市抵御自然灾害、极端气候的能力，直接影响到人们的生存状况。我们需要一个在极端条件下依然能正常运行，并为我们提供安全保护的韧性城市。

何为韧性城市？

当我们城市面临自然和社会压力冲击，特别是遭遇重大安全事故、极端天气、地震等恶劣情况时，韧性城市能够凭借其动态平衡、冗余缓冲和自我修复调节，保持抗压、存续、适应和可持续发展能力，是城市安全发展的新示范。

在众多的科幻作品中，无论是在末世的地球生活，或是去新星球殖民，未来人类的生存空间很多被设定在地下城市中。如《三体 2：黑暗森林》中主人公罗辑沉睡了两个世纪以后，就是在位于地下 1000 多米的城市中醒来的；电影《微光城市》中人们设计了一座运行 200 年的地下城市，用以维系人类最后的族群；电影《流浪地球》中的地下城，位于地下 5000 米深处，有 35 亿人在此生活。

科幻作品丰富的想象力，实际上向所有人揭示了一个事实：人类未来不可避免面对各种灾难，如恶劣的生存环境，核战争导致的灾难，天体撞击、洪水、地震，想要在残酷的陆地环境中生存下来，就必须依靠一些屏障来保护自己。在此方面，文学艺术创造和科学研究达成高度一致，把地下空间作为增强城市韧性，提升灾害防御能力的首要选择。

首先，开发城市地下空间能够提升特殊气候环境区域的城市环境品质，如在高纬度地区的城市开发集交通、商业、娱乐、餐饮等功能齐全的地下城，在节省温度调节能耗的同时，能够很大程度改变极寒地区城市“冬歇”现象，提升城市生活活力。

其次，开发城市地下空间能够提升城市安全水平。如发展深隧系统大大削减极端天气背景下暴雨导致的城市内涝；发展地下综合管廊，将城市生命线基础设施包括给排水、燃气、电力、通信等设施纳入其中，将极大地减少危险源和风险问题的暴露，提高城市的防灾能力。

最后，开发城市地下空间有助于提高城市抗灾能力。当城市发生灾难后如地震、战争等，地面的城市主要功能可能大部分丧失，而城市地下空间则可以保存部分城市功能并得以延续，可提供人群疏散与安置、伤员转运与救治等，各种物资救援亦能通过地下交通系统进行供应，而各类地下管线则能在很大程度上保障水、电、气的供应。

抵御恶劣气候环境的地下空间开发典型案例

土耳其卡帕多西亚地下城

卡帕多西亚地下城，位于今土耳其首都安卡拉东南约300千米。800万年前，埃尔吉耶斯等多座火山大规模爆发，散落的火山灰在这一地区逐渐沉积下来，经过长达数千年的风化和雨水冲刷，最终形成了今天荒凉如外星般的独特地貌。

卡帕多西亚的气候十分恶劣，冬天寒冷刺骨，夏天气温能达到40摄氏度。大约公元前1世纪，这里最初吸引了一批躲避迫害的基督教徒，他们在岩石中开凿出“五脏俱全”的教堂，结构较复杂的教堂还依照岩石自身的形状设计有前殿和三重后殿。尽管不需要支柱等承重设施，教堂内还是设计有圆柱和拱顶等装饰，并且绘有赭红色的壁画。

后来，人们渐渐发现住在山洞里的诸多好处——不仅可以避免匪患，而且没有风吹日晒，居住起来冬暖夏凉，完全可以抵抗外面恶劣的气候。于是，越来越多的人住进地下城。据专家考证，卡帕多西亚的地下城里最多大约住有10万人。

卡帕多西亚地区目前发现大约有200处大大小小的地下城遗迹，其中有40多个有地下3层或3层以上。规模较大的德林库尤地下城有地下18~20层，一直深入地下70~90米的深处。这里成了古代人们抵抗天灾人祸的乐土。

▶ 卡帕多西亚地下城

加拿大蒙特利尔地下城

蒙特利尔是加拿大的第二大城市，市区面积 380 平方千米，人口数量 340 万人，位于加拿大东部，约北纬 45°，地理位置相对于我国哈尔滨以北。冬季最低温度为零下

34 摄氏度，夏季最高温度为 32 摄氏度，年均温差可达 60 摄氏度。

严酷的气候环境促成了当地人们对地下空间持续地、大规模地开发。

1954 年由设计师贝聿铭和城市规划者文森特·庞特一起，开始对市中心威力玛瑞地区进行立体化再开发规划。1962 年，完成立体化开发的威力玛瑞地区对公众开放。这个第一代的蒙特利尔地下城，地下空间面积为 0.5 平方千米，主要设施有地铁车站、地下广场、旅馆和高层建筑地下室间的连接通道。

之后，在 1967 年蒙特利尔世界博览会和 1976 年蒙特利尔夏季奥运会的推动作用下，城市建设和改造有了迅速的发展，自 1966 年起，这里又建成 4 条地铁线。

随着作为商业中心的交通要道的建设，这里的地下空间开发利用进一步扩大。到 20 世纪 80 年代，又有三组地下体形成，地下步行道在 1984 年总长有 12 千米，到 1989 年已达 22 千米。

20 世纪 90 年代城市中心区的商业活动得到了很大发展。在蒙特利尔中心区，地下设施是同地面的商业设施并行发展起来的。一些城市中心区的建筑通往地下，既可以走室内，也可以通过室外出入。地下商业设施类型多样化，包括咖啡馆、快餐店、小店铺、牙医诊所、美容美发店、大型商业连锁店等。

在蒙特利尔国际区开发之前，地下通道仍不能满足需求。因此，2000 年又建设了很多地下通道，这些地下城的步行通道把大量地面建筑（包括 100 多个商家）相互联系在一起，包括商业中心、商业街、专营店等，形成连续性的网络，且遍布城市中心区的中心地点。截至 2002 年，蒙特利尔的地下步行道长度已达到 32 千米，通过各种可能的交通方式到达购物中心的地下城已经成为现实。

蒙特利尔的气候严寒恶劣，而地下城却四季如春，一年中任何月份都能进行正常的商业和社会文化活动，因而吸引大量为了躲避恶劣天气而来的人流。这是地下城得到发展和受到欢迎的主要原因之一。

经过几十年的发展，蒙特利尔地下城已成为目前世界上最大规模的城市地下空间利用项目，地下城的范围达到 36 平方千米，相当于市区总面积的 1/10。30 千米长的地下步行道和 10 座地铁车站，连接了地面上 62 座大厦，容纳了整个中心地区商业的 35%，每天有 50 万人进出地下空间。[①] 地下城还包括 34 家影院、2 所大学、1 个长途汽车站和 2 个火车站，整个地下街区涵盖了学习、娱乐、出行等人们日常所需的各个方面，无论是白天还是黑夜，这里人来人往，十分安全。

如今，蒙特利尔地下城已成为人类抵御外部气候环境，开发地下空间打造“第五季”城市的典范。

---

① 参见童林旭《地下空间与城市现代化发展》，中国建筑工业出版社，2005，第 70—71 页。

▶ 蒙特利尔地下城局部景物

抵御极端天气的地下空间开发典型案例

日本东京圈排水系统

受台风的影响，日本多数地区经常遭遇强降雨。因此，以东京为代表的首都圈等核心都市对防涝问题都十分重视。通过长期、大量的财政投入，日本建设了比较完备的城市排水设施。东京圈排水系统是当前世界上规模最大的地下排水设施。

东京圈排水系统位于日本埼玉县境内的国道 16 号地下 50 米处，是一条全长 6.4 千米、直径 10.6 米的巨型隧道，连接着东京市内长达 15700 千米的城市下水道。通过 5 个高 65 米、直径 32 米的竖井，连通附近的江户川、仓松川、中川、古利川等河流，作为分洪入口。单个竖井容积约为 4.2 万立方米，工程总储水量 67 万立方米。[①]

出现暴雨时，城市下水道系统将雨水排入中小河流，中小河流水位上涨后溢出进入排水系统的巨大立坑牙口管道。前 4 个竖井里导入的洪水通过下水道流入最后一个竖井，集中到长 177 米、宽 78 米、高 18 米的巨大蓄水池调

▶ 日本东京圈排水系统蓄水池调压水槽

① 参见张彬、徐能雄、戴春森《国际城市地下空间开发利用现状、趋势与启示》,《地学前缘》(中国地质大学 [北京]; 北京大学) 2019 年第 3 期。

压水槽缓冲水势。调压水槽由 59 根高 18 米、长 7 米、宽 2 米，质量 500 吨的混凝土巨型柱支撑，以防止蓄水池在地下水的浮力作用下发生上浮。4 台由航空发动机改装而成的燃气轮机驱动的大型水泵（单台功率达 10297 千瓦），将水以 200 立方米每秒的流量排入江户川，最终汇入东京湾。[1] 蓄水池还配置了自主发电机，即使发生停电，四台发动机也可以满负荷运转 3 天。

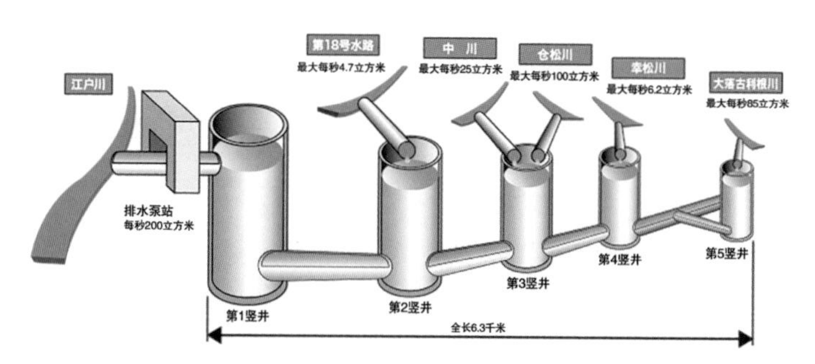

日本东京圈排水系统整体构成图

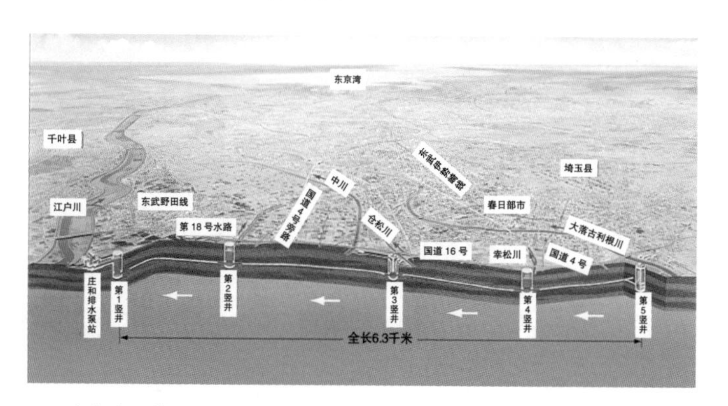

日本东京圈排水系统整体示意图

---

① 参见张彬、徐能雄、戴春森《国际城市地下空间开发利用现状、趋势与启示》,《地学前缘》(中国地质大学 [北京]; 北京大学) 2019 年第 3 期。

该系统建成后的当年，该流域遭水浸的房屋数量由最严重时的41544家减少至245家，浸水面积由27840平方千米减少至65平方千米，该系统对日本埼玉县、东京都东部首都圈的防洪、泄洪起到了极大的作用。如今在东京，强降雨有时仍会引发个别地区的小型内涝，但在中心城区内涝不会造成大的灾害。

日本东急电铁涩谷站地下蓄水设施[①]

东急电铁涩谷站借助车站周边城市更新、站点周边地区土地规划改造的机会，在地铁站综合体下方建造了巨大的储水设施，用来应对近年来不断增加的暴雨侵袭。整个工程前后耗时近10年，花费达631亿日元（约37亿人民币）。

储水设施位于涩谷站东口广场下方，是一个南北宽45米、东西宽22米、深约25米的大型结构体。该设施可临时储水4000吨，能应对单小时降雨量超过75毫米的特大暴雨。暴雨过后，再用水泵将水排入城市下水道。

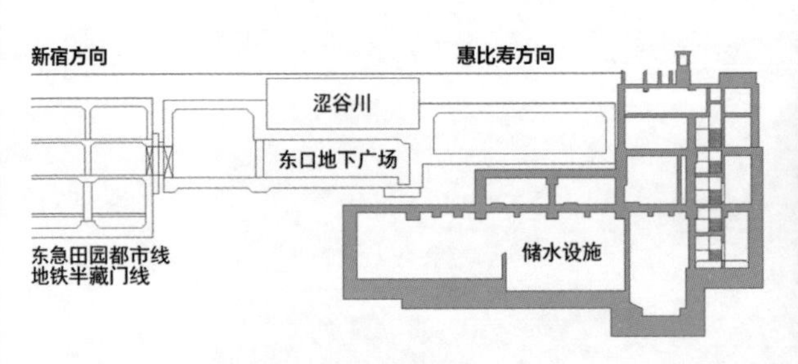

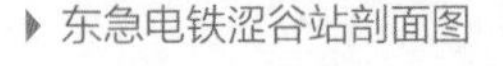
▶ 东急电铁涩谷站剖面图

▶ 地下储水设施实拍

① 参见《他山之石 | 从日本地铁的防汛经验中我们能学到什么》，搜狐网，https://www.sohu.com/a/482253380_121124625。

法国巴黎的地下排水系统

法国巴黎海拔较低且每年的平均降雨量多，但很少发生城市内涝，即使倾盆大雨，雨水也能很快被排掉，路面上不会有积水，走在街上，你不会想到巴黎的地面之下还有一片“汪洋”，它源于巴黎城市下面的一座规模空前的地下“大水库”——巴黎地下排水系统。

古老的巴黎下水道

19 世纪中期的巴黎下水道

现代的巴黎排水系统

作为一个具有悠久历史的欧洲名城，巴黎的下水道系统，是一个绝世惊俗的伟大工程，这里没有黑水横流的垃圾，也没有臭气熏天的各种腐烂物体。自从雨果在《悲惨世界》中介绍冉·阿让背负自己的未来女婿，穿过了一段危险、阴暗、肮脏、漫长，被称为“魔鬼的肚子”的下水道之后，巴黎的下水道系统就被无数次地改进。从 19 世纪开始，巴黎把下水道的一部分开辟成博物馆，每年接待参观者都超过 10 万人，向世人介绍他们的成就。[①]

巴黎的下水道结构复杂、功能齐全，改善了从中世纪以来困扰巴黎市民的水质与污水处理问题。下水道四壁整洁、管道通畅、空间宽敞，将参观、雨水与污水处理合二为一。地下水处理系统管道总长达 2400 千米，其中污水处理管道总长 1425 千米，约有 2.6 万个下水道盖，有 6000 多个地下蓄水池……纵横交错，规模超过四通八达的巴黎地铁。[②]

上海苏州河深隧工程[③]

苏州河深隧工程，全称苏州河段深层排水调蓄管道系统工程，该工程服务范围主要涉及苏州河中心城区段南北两侧的 25 个排水系统，全长 15.3 千米，最大埋深达地下 60 多米，直径 10 米，蓄水容量达到 70 多万立方米。总服务面积约为 57.92 平方千米，服务人口数量约为 135 万人。

建设内容主要包括：一级调蓄管道约为 14.7 千米，内

---

① 参见《巴黎下水道：全球功能最多的下水道》，careyt 环游世界，https://baijiahao.baidu.com/s?id=1730439973180218858&wfr=spider&for=pc。

② 同上。

③ 参见王晓鹏《苏州河深隧调蓄工程综合设施的集约化布置方案》，《净水技术》2019 年第 12 期。

径为 10 米，沿线拟设置 8 座综合设施；二、三级管道总长度约为 37.5 千米，管径 3 ~ 6 米。雨天通过二、三级管道将入流点汇集的水流收集进入一级调蓄隧道进行储存，旱天通过提升泵站将调蓄的初雨或超标雨水提升后，利用现状合流一期总管的空余能力，输送至末端竹园污水厂进行处理，最终实现系统提标、内涝防治、初雨治理 3 大目标，极大改善上海的排水防涝和面源污染控制能力，是构建海绵城市的重要一环。

▶ 上海苏州河深隧排水工程竖井

广州深隧工程

2022年，广州市平均年降水量约为1923毫米，常住人口数量1873.41万人。城市建筑密度的加大和人口数量的增多，导致雨污分流的难度大且效果不好。一方面，现有管网截流倍数偏低、截污不彻底，污水处理厂之间也缺乏联合运行调度的基础管网条件；城市面源污染十分严重。另一方面，广州市由于城市扩张和发展，地表硬化率增加使雨水入渗量急速下降，地表径流明显增大；城市热岛效应、雨岛效应进一步加剧了强降雨等极端天气发生的概率；城市内涝日益严重，内涝叠加溢流污染，广州市原有排水系统的滞后问题逐渐暴露出来。

多年来，城市建设和水务管理等部门通过管网改造，尽力消除内涝积水点，但鉴于老城区浅层地表基本已经被各种管线覆盖，可利用的空间极其有限，征地拆迁和管线迁移所需要的费用极高，工程实施对中心城区交通影响较大，因此通过浅层管网改造全面提升广州市排涝能力的难度较大。此外，面对截污不够彻底、河涌水质不稳定、老城区雨污分流困难、初雨污染和溢流污染频发等问题，沿用传统的治水方法不能根本改善珠江和河涌水质。

针对广州市老城区截污和内涝两方面的排水问题，在保留并充分发挥现有排水系统和河涌水系作用的基础上，广州市开展了深隧排水系统研究，在考虑了东濠涌流域地理位置、地质条件、流域范围等因素后，在东濠涌南段沿涌西侧道路敷设一条长约1.77千米、内径5.3米（外径6米）

的深层截污隧道，在隧道末端设置一座提升泵站，建造了东濠涌分支隧道试点工程。该工程能够基本消除初雨和溢流污染，将东濠涌支涌的开闸次数由每年 60 次减少到 3 ~ 5 次，全流域排水标准从 3 年一遇提升至 10 年一遇。通过深隧道排水技术的应用，可达到改善河涌水质，并较大幅度地提高排水、防涝标准，保障城市用水安全。①

武汉大东湖深隧工程②

2018 年 8 月，我国首条深层污水传输隧道——武汉大东湖深隧工程正式开建。该工程包括 17.5 千米主隧、1.7 千米支隧，设 3 座污水预处理站和 1 座提升泵站。建成后，

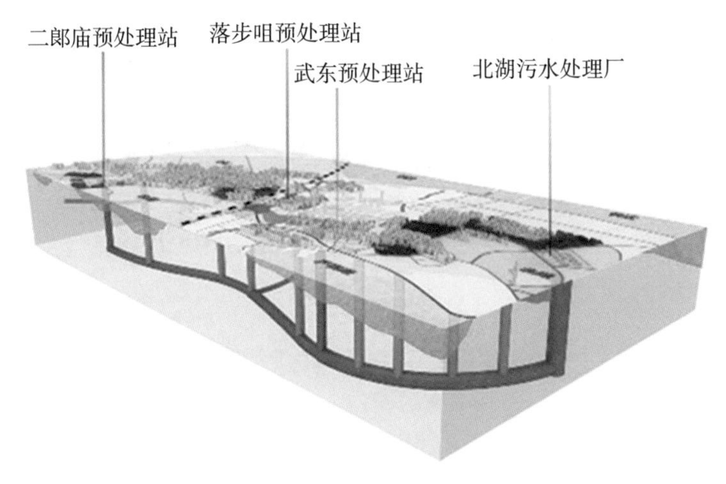

▶ 武汉大东湖深隧工程示意图

---

① 参见刘家宏、夏霖、王浩等《城市深隧排水系统典型案例分析》，《科学通报》2017 年第 27 期。

② 参见油新华、何光尧、王强勋《我国城市地下空间利用现状及发展趋势》，《隧道建设》（中英文）2019 年第 2 期。

武汉 1/3 的污水将通过此隧道送入污水处理厂，服务人口数量达 300 万人，保护了长江生态环境。同时，隧道埋深在地下 30 ~ 50 米，为后期的地下空间开发预留了大量的空间，堪称深部地下空间利用的典范。

▶ 武汉大东湖深隧工程实拍图

增汇减排，助力实现“双碳”目标

当今世界迎来了绿色发展时代。绿色发展理念是习近平生态文明思想的主要组成部分。

2020 年 9 月 22 日，习近平主席在第 75 届联合国大会一般性辩论会上宣布：“中国将提高国家自主贡献力度，采取更加有力的政策和措施，二氧化碳排放力争于2030年前达到峰值，努力争取2060年前实现碳中和。”

随后，在相继召开的第三届巴黎和平论坛、金砖国家领导人第十二次会晤等多个国际重要场合，习近平主席都表明中国实现碳达峰、碳中和的态度和决心。党的二十大报告强调，要推动经济社会发展全面绿色低碳转型，积极稳妥推进碳达峰、碳中和，这再次向全世界展示中国作为及重信守诺的责任担当和坚持走生态优先、绿色低碳的高质量发展道路的决心与意志。

“双碳”战略目标提出以后，其实现路径一直是政府和社会各界高度关注和研究的重点。

城市地下空间资源作为国土空间资源的重要组成部分，有巨大的资源开发潜力、强大的资源禀赋以及良好的恒温恒湿特性，是建设生态低碳型城市、环境友好型城市、资源节约型城市的最佳场所，科学合理利用地下空间资源，能够在拓展空间、提升碳汇，节约能源、降低能耗，能源消费结构转型，废水循环利用等方面发挥其独特效能，是助力“双碳”目标，促进城市绿色发展的有效途径。

碳汇增容——拓展空间，打造绿色生态城市

在陆地生态系统中，森林是全球最大的储碳库，活林材每立方米每年可吸收和固定1.83吨二氧化碳，碳储量占39%~40%，成本仅是技术减排的20%。草地碳储量占

33%~34%，且草地碳汇潜力巨大，通过整治恢复、种草、草畜平衡等方式每年可新增碳汇 40 亿~60 亿吨。①

对城市而言，城市绿地生态系统作为城市内唯一的自然碳汇，在维持和改善城市生态环境中发挥着核心作用，是吸收并储存城市排放二氧化碳的主要贡献者。但在城市高密度建设与存量发展背景下，用于园林绿化、公园等开敞空间的绿地因此日益减少，当前我国许多城市地表开发强度已超过国际宜居生态线。

如果我们将部分城市功能性系统地下化，实现空间拓展，将节省的大量地表空间置换为城市生态绿地，提高绿化覆盖率，不仅可以改善人居生活环境，同时能够提高城市生态碳汇能力。

“十三五”期间，中国累计新增地下空间建筑面积达到 13.3 亿平方米，如果新增地下空间置换的土地用于城市绿化，可形成约 13000 公顷的城市生态绿地，对提升城市碳汇能力功不可没。

按北京市发展规划，“十四五”时期要求森林覆盖率达到 45%，公园绿地 500 米服务半径覆盖率达到 90%，建成区人均公园绿地面积达到 16.7 平方米，森林蓄积量 3450 万立方米，林地绿地年碳汇量将达到 1000 万吨。可见，城市绿地生态系统在城市碳循环中占据重要地位，对于城市改善区域环境条件、应对气候变化等具有重要意义。

---

① 参见高兵、邓锋、范振林等《依托国土空间载体推进低碳转型》，《中国自然资源报》2019 年 3 月 19 日。

值得注意的是，国外许多发达国家城市，在绿地开发与地下空间利用上，已经创造了许多综合开发建设的典范。这些城市在绿地与城市功能相对集中、用地矛盾十分尖锐的地方，充分利用地下空间，将交通、市政、商业等功能下移，地面上留有开阔的绿地作为集散广场、联系纽带和城市公园，实现了城市交通、景观环境、商业、文化、防灾等多功能的高度统一。

市政设施下移

各类市政设施如自来水处理厂、加压泵站、污水处理厂、雨污水泵站、燃气加压站、调压站、高压变电站、开关站、垃圾收集转运站、区域能源站等，这些设施的特点是占地面积较大，同时会给周边土地的多重利用带来不利影响，因此，将这些设施建于地下，在减少对周边影响的同时，还能置换出大量绿地。

地下固体废物输送及处理场站

城市固体废物主要分为三种：一般工业固体废物、工业危险废物、城市垃圾。城市固体废物的堆放和填埋不仅占用了耕地及建筑用地，而且垃圾中的有害物质会流入土壤，杀死土壤中的微生物，导致土壤酸化、硬化、碱化，给农作物的生长带来不利影响，同时对环境污染非常严重。因此，充分利用地下空间，在地下建立固体废物的输送及处理设施，是减小城市地面二次污染、降低处理过程中的风险、节约城市用地的重要措施。

国外发达国家非常重视固体废物输送及处理地下化，

▶ 西班牙巴塞罗那市区的地下垃圾处理中心

资料来源：Arch Daily 网站。

如西班牙巴塞罗那市区的地下垃圾处理中心，建于该市诺德公园的一个小山下。在将全市的垃圾经过有选择的回收后，通过对废物的厌氧分解产生沼气，年处理能力为 43 万吨，不仅节约了土地资源，还带来了社会、经济、生态多重效益。瑞典在 20 世纪末已经建设了一定数量的地下垃圾处理厂，瑞典斯德哥尔摩地下垃圾输送系统，是全世界第一个利用真空管道传送垃圾的地下输送系统。

近几年，我国一些城市逐步将固体废物处理场站地下化，对节约土地资源、保护环境有着积极的作用。如福建省规模最大的半地下式垃圾转运站——洋里城市管理综合体，该综合体最大日垃圾处理量达到了 800 吨，有效解决了台江、晋安片区生活垃圾处理问题，服务人口数量约 90 万人，实现了垃圾处理“看不见垃圾，见不到场所，闻不到异味”。该项目采用半地下式结构布局，占地面积 17.2 亩，按照园林式建筑设计，对地面建筑实行立体绿化，地面空间建设为一座开放式公园，面积约 1000 平方米，设有可供市民休闲的小广场。[①] 杭州之江分类减量综合体是国内第一座大型全地下式垃圾转运站，该项目建筑及景观设计遵循中国园

▶ 杭州之江全地下式垃圾转运站

① 参见《福建省最大“隐身”垃圾转运站投用》，《福建日报》2020 年 2 月 3 日。

林的山水理念，打造生态园林式的空间环境，建成后将成为标杆性生态型转运站工程，对国内全地下式转运站的建设起到引领和示范的作用。

地下污水处理场站

与传统地面污水处理厂相比，地下污水处理厂不需考虑绿化及隔离带等要求，因此具有占用空间小、环境污染小、噪声低、安全性高、节省土地资源、能够与周边环境协调等优势，成为城市污水治理工程建设发展新趋势。由于地下污水厂处理场站只有部分辅助建筑物建在地上，占用土地资源很少，节省的地面空间资源用来建设城市公园和商业设施，既提升了城市生态环境，又繁荣了城市的经济。

例如，芬兰的赫尔辛基地下污水厂仅将办公室、职工活动中心、部分车间及能量生产站建设在地面上，利用其余节省下来的用地规划了一处居民区，修建了 8 层住宅，总使用面积达到 15 万平方米，满足了 3500 人的居住需求。①

国内的第一座地下污水处理厂——深圳布吉地下污水处理厂，最深处达到地下 18 米，地面上除了规划建设工作人员办公建筑，还修建了一处建设面积 4.5 公顷的高质量的休闲公园。

北京市首座全地下污水厂——稻香湖再生水厂，承担了周边地区约 34.5 平方千米范围内污水处理，全部厂房及

---

① 参见李薇、陈志龙、郭东军《国外城市地下空间规划借鉴——以赫尔辛基为例》,《国际城市规划》2016 年第 3 期。

设施建设于地下16～18米深处，充分利用竖向空间，自上而下分别为地面公园、覆土层、检修层、污水处理池，节省土地面积12平方千米。运行过程全程无噪声、无臭味，地面部分则是现代化科技展览馆。该水厂投入使用后，不仅带来优美环境，还为市民提供了一个低碳环保的教育及污水处理科技示范基地。

位于北京市丰台区的槐房再生水厂是亚洲最大的全地下再生水厂，占地面积约31公顷，承担了北京市西南城区的生活污水处理，日处理污水能力为60万立方米，可以实现2亿立方米污水的全部再生，这个水处理量相当于100个昆明湖的水量，堪称北京的“地下水城”。处理过的水经过地表人工湿地的净化，将通过专门的管线补给下游的小龙河，河流两侧形成的河漫滩生境①，群落为陆生草本到水生植被的典型的湿地植物序列，不仅有利于对水体污染的生态修复，增加了生态绿地空间，同时也是水鸟、两栖类动物和鱼类重要的觅食地和迁徙廊道，完善了生态系统的多样性。这座水厂的建成，无疑能够极大缓解北京地区缺水的难题，并且有效地保护了环境②。

地下变电站

随着城市经济建设的不断发展，城市用电需求日益增

---

① 生境，是指物种或物种群体赖以生存的生态环境。

② 参见环保工程师《揭秘 | 亚洲最大的全地下污水处理厂——北京槐房再生水厂！》，微信公众号，https://mp.weixin.qq.com/s/cSjJH81BfSe2IOPqy7Uc3Q。

加，由于传统的地面变电站满足不了日益增加的用电负荷，亟须扩容改造。但是在城市土地资源逐渐紧缺的城市中心区，地面扩容改造非常困难，因此对城市高质量可持续发展产生了严重的阻碍。虽然将变电站建设在地下的成本要比在地面建设高出 3 ~ 4 倍，但若扣除地面土地成本后，其经济效益就非常可观了。

在国外，地下变电设施方面早已得到了有效的利用，日本在 2004 年前已建成 50 多座地下水电厂房，自 20 世纪以来，全世界建成了数百个地下变电站。

在国内，地下变电站建设起步较晚，但近 10 多年来在一些大城市逐渐开始推广开发建设。2008 年底北京已投入运行的地下变电站超过 30 座，全部位于城市中心区。上海静安区地下 500 千瓦大容量变电站总建筑面积约为 5.7 万平方米，地下部分占近 5.6 万平方米，地上则恢复建成了静安区雕塑公园，体现了高压等级电力工业生产场所和城市绿化环境美好的完美融合。

位于武汉市武昌滨江商务区核心区域绿地国际金融城的 220 千伏徐东地下变电站，占地面积 3300 平方米，整体建筑分为地下三层。从外部只看到一座类似于平房的小型建筑，静静坐落在绿地国际金融城的旁边，地面上绿草如茵，与城市建筑有机融合，在生活中几乎看不出一座变电站坐落于此，而更像是周边配套的某一座建筑物。

▶ 武汉市徐东地下变电站

文娱等综合体下移[1]

除了市政设施，一些对自然采光要求不高，而对保温、保湿、隔音等条件有特殊要求的公共服务空间，适宜向地下发展。如体育馆、音乐厅、图书馆、博物馆等人流活动量比较大的公共场所，可以利于地下空间的恒温性，极大减少能源消耗。

这类公共空间，国内外有众多典型案例，如巴黎卢浮宫、德国布赖巴赫音乐厅、美国堪萨斯的地下博物馆等。北欧一些国家如挪威、芬兰、瑞典等，由于冬季持续时间长，外部温度低，因此修建了许多地下文化娱乐及体育设

① 参见赵景伟、张晓玮《现代城市地下空间开发：需求、控制、规划与设计》，清华大学出版社，2016，第231—235页。

施，如挪威的地下游泳馆、地下网球场，芬兰的地下乒乓球场、地下音乐厅等。

美国芝加哥大学曼索托图书馆，充分利用地下空间优良的环境，收藏了350万册图书。在地面上看，其外观像是一颗镶嵌在地面的水晶球，高性能低辐射烧结玻璃穹顶覆盖了整个藏书空间，为57%的空间遮挡了阳光，减少了73%的光照热量，还能够引入50%的光线。该图书馆能够更好地控制地下空间内部的温度和湿度环境，有效节约了成本。

▶ 美国芝加哥大学曼索托图书馆

韩国高丽大学韩亚广场地下建设了三层，使用功能是教学和图书馆，不仅满足了教学学习需要的安静场所，而且由于该建筑位于地下，与普通建筑物相比较，其隔热功能得到大幅度提高，同时也在冬季节省了至少30%

的供热成本。

我国是具有悠久历史的文明大国，许多历史文化名城建设了相当数量的地下文物展览馆、地下古墓博物馆，如西安汉阳陵博物馆、河南洛阳古墓博物馆、无锡鸿山遗址博物馆等。

我国于 2021 年建成全球最大地下空间利用工程之一的西安幸福林带项目，包括地上景观、市政道路、地下空间、综合管廊和地铁配套五项内容，可节约 70 万平方米的地表生态空间，是我国通过地下空间开发促进绿色低碳建设的有益探索。

西安幸福林带串起城市绿色长廊

资料来源：中建五局第三建设有限公司网站

节能减排，缓解城市环境污染

节能减排的定义有广义和狭义之分。广义而言，节能减排是指节约物质资源和能量资源，减少废弃物和环境有害物（包括三废和噪声等）排放；狭义而言，节能减排是指节约能源和减少环境有害物排放。

我们可以利用地下空间的单一的环境性作为交通隧道、工业设施，来直接收集处理尾气、降低噪声；也可以作为储藏空间，直接节约能源，降低碳排放，缓解城市环境污染问题。

交通功能下移

有专家统计，交通出行方面的二氧化碳排放，占城市二氧化碳排放总量的 20%～35%，发展地下绿色交通，对于进一步减少在交通方面所产生的二氧化碳排放有明显的效果。绿色交通要求少占地、低能耗、无污染(电驱动)。通过发展城市地铁交通、地下真空高速磁悬浮城际交通等公共交通，发展利用地下物流通道、自动驾驶物流工具等地下物流系统，将车行、人行、商业、管网、车库等组成高效地下系统来减少碳排放，是当前城市建设的首要选择。

美国曾把波士顿中央大道的 6 车道高架桥拆除，改为 8 车道地下隧道，不仅交通更加通畅，而且增加了 105 多万平方米中心公园和绿色开敞空间，市区二氧化碳浓度降低12%。有关研究人员做过测算，若将我国一、二线城市停车位与汽车比例，增加到住房和城乡建设部指导的1.1∶1～1.3∶1，我国则至少需新增1000多平方千米的地面停车面积，将新建的停车场一半地下化，可节约600平方千米的城市建设用地。[①]

再有，根据《城市轨道交通2021年度统计和分析报告》，2021年全国轨道交通总能耗为213.1亿千瓦时，除去牵引供电能耗，通风空调系统等能耗约为63.9亿千瓦时，折合标准煤785.8万吨。据测算，我国地铁场站因地下空间恒温特性，每年在供暖制冷方面节约的能耗折合标准煤95.8万吨，减少二氧化碳排放239.6万吨。以天津市为例，截至2020年，天津市地下空间建筑面积超过1500万平方米，天津市一年因城市地下空间的温度调节作用而节省的能耗，折合标准煤约136万吨，可减少二氧化碳排放340万吨。

此外，城市交通枢纽、大型综合体等，对城市地表土地资源占用量也很大，通过地下化，可带来节省土地资源、降低碳排放、美化环境的多重效益。如2015年深圳建设的福田地下交通枢纽是国内最大的立体式交通综合换乘站，汇集了地铁2号线、3号线、11号线，以及广深港客运专线福田站，是集城市公共交通、地下轨道交通、长途客运、出租小汽车及社会车辆于一体，并与地铁竹子林站无缝接

---

① 参见李晓昭、王睿、顾倩等《城市地下空间开发的战略需求》，《地学前缘》（中国地质大学［北京］；北京大学）2019年第3期。

驳的立体式交通枢纽换乘中心，枢纽地下空间总建筑面积约为 13.37 万平方米。杭州钱江新城核心区地下城以波浪文化城（10 多万平方米）和地铁 1 号线、2 号线换乘站为骨干，地下空间总量超过 200 万平方米。[①]

地下仓储

按从地表到地下深度 3 千米以内的地温分布，可将地下空间分为变温层、恒温层和增温层。恒温层由于赋存于地下合适深度，周边毗邻土壤，不受太阳辐射、地上环境温度和地球内热的影响，地温基本保持常年恒定，地下建筑物能量消耗比地面建筑明显要少。加上地下空间独具封闭性，对储存水果蔬菜、粮食及食油、危险品（核废料、化工废料）、油气等战略物资极为有利，且地下冷库比地面的运行费用低 25% ~ 50%。所以，地下空间适宜于地下物流仓储等设施的开发利用。

近几十年来，许多国家的各类地下储库，在本国地下工程建设总量中占有相对大的比重，成为地下空间开发利用中规模最大、范围最广、效益最高的领域之一。

新加坡裕廊岩洞位于海平面以下 150 米处，是东南亚第一个地下储油设施，共有 5 个单独的储油空间，用于存储液态碳氢化合物，如商业用途的原油、凝析油、石脑油和瓦斯油，集观赏性和使用性于一体。

---

① 参见钱七虎《利用地下空间助力发展绿色建筑与绿色城市》，《隧道建设》（中英文）2019 年第 11 期。

美国堪萨斯城利用地下开采石灰岩遗留下来的废矿坑，大规模改造成地下储库，面积达数10万平方米。库内温度全年稳定在14摄氏度，对储存粮食和食品十分有利，仅冷冻食品储存能力就占全美总储量的1/10，是利用废矿坑作地下储库的典型实例。

瑞典是世界上最先发展地下储库的国家，利用有利的地质条件，建造了大量大容量的地下石油库、天然气库、食品库，并发展了地下储热库和地下深层核废料库。

我国于2000年在广东汕头市的花岗岩体中，建造了两个大型岩洞用于储存液化石油气，[①] 该地下工程可抵抗8级地震，同时它远离地面，使爆炸等不安全因素大大减小，而且由于地下储库不需要建地面冷库，节省了大量制冷电力，又避免了因制冷造成的环境污染。

渣土和废水再利用[②]

渣土再利用是一种地下空间双向开发利用行为，即在地下空间开发过程中，将开挖渣土中产生的石材或沙石料再用于建筑材料当中，降低建设成本，减少建筑垃圾排放。常见的渣土再利用方式包括渣土空心砖、路基填料、注浆材料、夯扩桩和再生集料等。

目前，国内外均对渣土再利用这一领域投入了关注。

---

① 参见赵景伟、张晓玮《现代城市地下空间开发：需求、控制、规划与设计》，清华大学出版社，2016，第270—271页。

② 参见王飞、李文胜、刘勇等《未来城市地下空间发展理念——绿色、人本、智慧、韧性、网络化》，人民交通出版社有限公司，2021，第28—29页。

日本 1991 年通过《资源重新利用促进法》、韩国 2003 年制定《建设废弃物再生促进法》都明确了政府和建设者的义务和权利。随着我国建设环保型社会和垃圾分类需求，部分城市在进行地下空间建设时，均将最大限度地利用渣土列入了地方要求。如南京、合肥就要求在地铁建设中尽量减少渣土排放和渣土污染，试行了渣土制砖，有效减少了环境污染和资源浪费，而且额外创造了经济效益。

废水再利用是指通过将雨水、污水等废水引入地下水处理设施进行收集与过滤以作其他用途，达到缓解水资源短缺、提高水资源利用率的目的。上海世博轴就是一个废水利用的典型案例，其自来水日用量约为 2000 立方米，当它将收集的雨水加以利用后，自来水替代率可达到 45% ~ 50%。经处理后的雨水主要用途为卫生器具冲洗和绿化浇灌等。

绿色革命，发展地下清洁能源

地热能源作为地下空间资源的重要组成部分，具有储量大、分布广、可持续利用和清洁环保等优点，同时也是唯一不受天气、季节变化影响的可再生清洁能源，有望成为继水能、风能和太阳能之后的“第四极”清洁可再生能源。

为什么要发展地热能？

首先，从能源消费结构现状来看，我国化石能源（煤炭、石油及天然气）占据主导地位，2022 年，原煤产量 45.6 亿吨，比上年增长 10.5%；原油产量 2.0472 亿吨，2016 年以来首次回升至 2 亿吨以上；天然气产量增长 6.0%，连续 6 年增产超过 100 亿立方米。

我国“富煤、贫油、少气”的能源赋存特点，决定了“一煤独大”能源消费局面长期存在。目前，我国煤炭消费量占全球一半以上，在这种状况下，即使我国煤炭储量再丰富，作为不可再生资源，同样会面临资源枯竭的危机。而我国的石油和天然气资源占世界总量比重都非常小，无法代替煤炭在能源结构中的主导地位。

其次，从碳排放现状来看，我国碳排放总量为美国 2 倍多、欧盟 3 倍多，实现碳中和目标所需的碳排放减量远高于其他经济体。

而我国碳强度较高主要是由于能源结构中煤炭占比高、产业结构中重工业占比大。但国家经济的不断增长，使我们对能源的需求量也不断增大。无论从能源安全角度还是降碳减排的角度考量，必须加强新能源和清洁能源发展。这也就使得除水能、风能和太阳能外，地热能的利用率亟须大幅提升。

最后，我国的地热能资源十分丰富，资源潜力约占全球总量的8%，地热资源每年可开采量相当于2015年煤炭消耗量的70%，开发利用潜力巨大。根据地质构造特征、热流体温度、开发利用方式等要素，地热能可划分为浅层地热能、水热型地热能和干热岩三种主要类型。

那么如何利用这些地热能呢？

浅层地热能利用

浅层地热能是指蕴藏于地表以下200米以内岩土体、地下水和地表水中，温度低于25摄氏度，具备经济利用价值的热能资源，由于具有分布广、储量大、可再生及就近开发利用等特点，资源利用过程中无二氧化碳、二氧化硫等有害气体产生，可广泛应用于建筑物供暖或制冷。我国336个地级及以上城市规划区范围内浅层地热能资源年可采量折合标准煤7亿吨，相当于我国2015年煤炭消耗总量的19%。

浅层地热能主要通过地源热泵技术进行开发利用，将赋存在地表水、地下水和岩土体中的低品位热源转化为可以利用的高品位热源，用于供热或制冷。根据交换系统形式的不同，可以分为地表水地源热泵系统、地下水地源热泵系统和地埋管地源热泵系统。目前最主要的利用方式是地埋管地源热泵系统和地下水地源热泵系统。

地埋管地源热泵系统

地埋管地源热泵系统是由传热介质通过水平或竖直的

土壤换热器，与岩土体进行热交换的热泵系统。传热介质在封闭的地下埋管中流动，利用土壤巨大的蓄热蓄冷能力，将地下土壤中的热量转移，从而实现系统与大地之间的热交换。地埋管地源热泵系统受地下水量的影响较小，基本不会造成地下水破坏或污染，系统运行的稳定性和可靠性强，能够达到节能减排的目的。

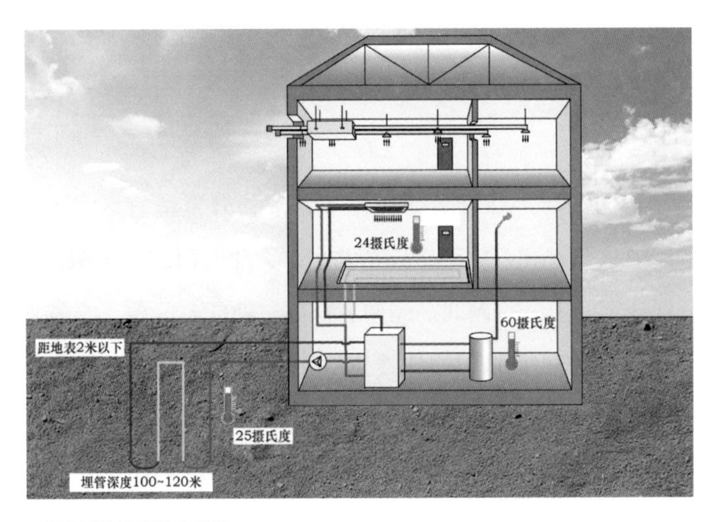

▶ 地埋管地源热泵系统

地下水地源热泵系统

地下水地源热泵系统将地下水作为低品位热源，利用少量的电能输入，实现低品位热能向高品位热能转移，从而达到供热或供冷的一种系统。地下水地源热泵系统适合于地下水资源比较丰富、稳定、优质的地区。它的优点是系统的水井占地面积小、综合造价低、简便易行，并可以满足大面积建筑物的供暖或制冷的需要。

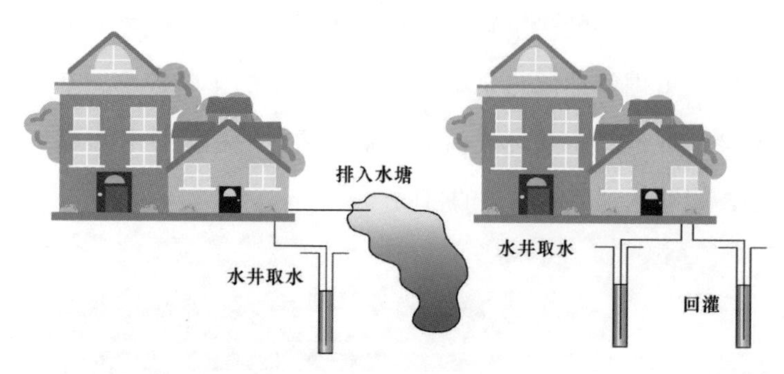

▶ 地下水地源热泵系统

我国浅层地热能分布范围非常广，开发适宜区主要分布在中东部省和直辖市，包括北京、天津、河北、山东、河南、辽宁、上海、湖北、湖南、江苏、浙江、江西、安徽。

浅层地热能利用的快速发展主要依托于热泵技术的不断进步。

在“十三五”期间浅层地热供热或制冷利用年均增长率 15.6%；截至 2020 年底，我国浅层地热能供暖或制冷建筑应用面积达 8.41 亿平方米，浅层地热能利用已呈规模分布的区域，主要集中于东北南部、华北和长江中下游地区，在辽宁、河北、北京等省（直辖市）供热或制冷规模超过 5000 万平方米。[①]

① 贾艳雨、常青、王俞文等：《我国地热能开发利用现状及双碳背景下的发展趋势》，《石油石化绿色低碳》2021 年第 6 期。

在项目利用方式上，浅层地热能利用主要集中在办公楼、医院、商场、学校等公共建筑，且以冷暖双供为主。

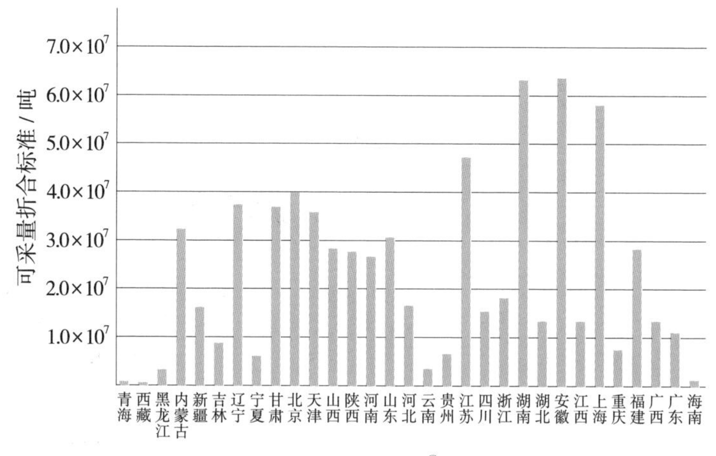

▶ 各省（自治区、直辖市）浅层地热能可采量①

浅层地热能利用代表性示范工程有北京奥运村、用友软件园、北京当代万国城、上海世博轴、北京城市副中心、北京大兴国际机场、北京世园会等。如北京奥运村再生水源热泵系统为国内首例大型再生水热泵系统工程，供暖或制冷面积为 41 万平方米。北京用友软件园复合源热泵系统供暖或制冷面积为 47.3 万平方米。上海世博轴是国内首次大规模地应用江水源热泵和土壤源热泵复合型的空调冷热源集成技术，应用面积为 22.7 万平方米。北京大兴国际机

① 王贵玲、刘彦广、朱喜等:《中国地热资源现状及发展趋势》,《地学前缘》(中国地质大学［北京］; 北京大学) 2020 年第 1 期。

场地源热泵工程，满足了机场能源消耗总量8%需求，这是国内最大的多能互补地源热泵工程。

隧道衬砌内的热交换管路[①]

此外，利用隧道衬砌内的热交换管路来提取隧道空气热能或隧道围岩中的地热能，实现隧道附近建筑的供热或制冷服务的“能源隧道”技术，在地铁、地下公共服务设施中逐步推广应用。

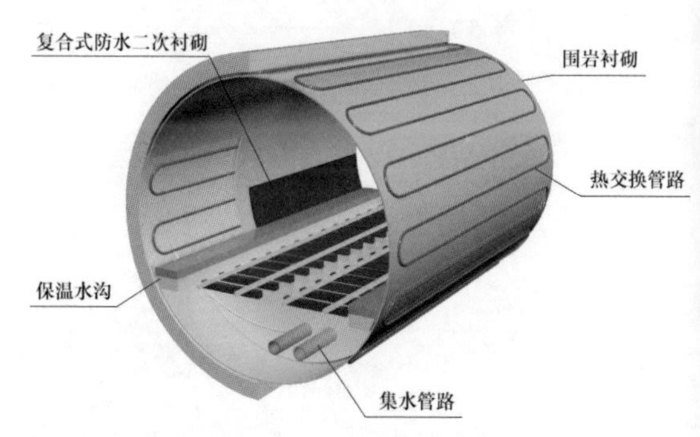

“能源隧道”技术

如奥地利能源地铁车站示范工程，通过在桩基内埋设热交换管，利用热泵为附近一所学校供暖。一个供暖季度可提供 2.14×10^8 千瓦时的能量，天然气的使用量每年减少34000立方米，使每年二氧化碳排放量减少30吨。

上海自然博物馆新馆采用灌注桩和地下连续墙内埋设热交换管形式，实现了建筑供暖或制冷，每年可节约117.7吨标准煤，减少二氧化碳排放195.5吨。

---

① 钱七虎:《利用地下空间助力发展绿色建筑与绿色城市》,《隧道建设》(中英文)2019年第11期。

水热型地热资源利用

水热型地热资源是世界上目前开采和利用的主要地热能。水热型地热能一般指以热水形式埋藏在地下 200 ~ 3000 米深度范围内、温度高于 25 摄氏度、可开发利用的地热流体，主要赋存于高渗透孔隙或裂隙介质中，以液态水或水蒸气等形式存在。我国水热型地热资源非常丰富，地热资源总量折合标准煤 1.25 万亿吨，每年地热资源可采量折合标准煤 19 亿吨，相当于 2015 年全国能源消耗的 44%[①]。

当地下热水通过地质构造通道自然渗流出地面，我们就称为温泉；当蕴藏于岩石圈深部时需要通过钻探深井抽取地下热水，这种地热能集热、矿、水于一体。依照流体温度，水热型地热能资源可进一步划分为高温地热资源（$t \geq 150$ 摄氏度）、中温地热资源（150 摄氏度 $> t \geq 90$ 摄氏度）、低温地热资源（90 摄氏度 $> t \geq 25$ 摄氏度）。我国水热型地热资源非常丰富，出露温泉 2334 处，地热开采井 5818 眼。资源类型以中、低温地热资源为主，高温地热资源为辅。

中、低温地热资源主要分布于四川盆地、华北平原、河淮平原、苏北平原、松辽盆地、下辽河平原、汾渭盆地

① 参见王贵玲、刘彦广、朱喜等《中国地热资源现状及发展趋势》，《地学前缘》（中国地质大学 [北京]；北京大学）2020 年第 1 期。

等15个大中型沉积盆地和山地的断裂带上[①]，分布在山地的断裂带上的地热资源一般规模较小，分布在盆地特别是大型沉积盆地的地热资源储集条件好、储层多、厚度大、分布广，热储温度随深度增加，地热资源储量大，是地热资源开发潜力最大的地区。15个大中型沉积盆地地热资源量折合标准煤1.06万亿吨，每年可开采量折合标准煤17.0亿吨。其中地热资源可开采量最多的为四川盆地，折合标准煤5.44亿吨。其次为华北平原，折合标准煤4.22亿吨。

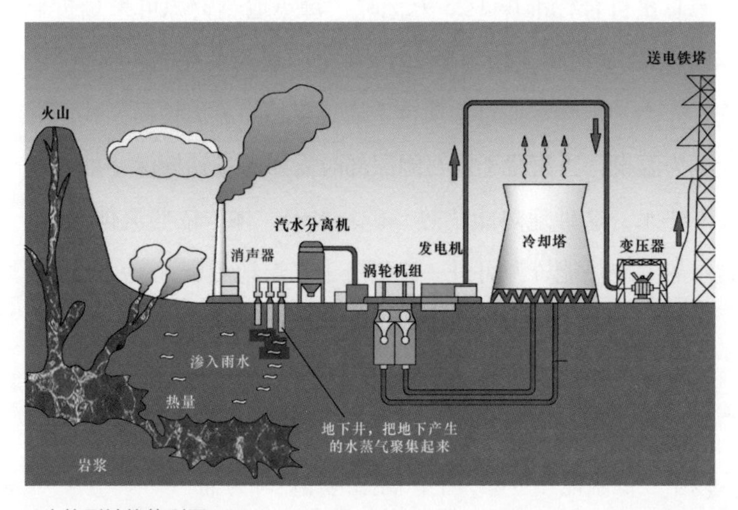

▶ 水热型地热能利用

高温地热资源主要分布在藏南—川西—滇西水热活动密集带，地热资源量折合标准煤141亿吨，每年地热资源

① 参见王贵玲、张薇、梁继运等《中国地热资源潜力评价》，《地球学报》2017年第4期。

可采量折合标准煤 0.18 亿吨，发电潜力为 712 万千瓦，占全国的 84.1%，热储温度高于 150 摄氏度的共 139 处，其中藏南 34 处、川西 56 处、滇西 49 处；东南沿海地区高温地热资源发电潜力为 70 万千瓦，占全国的 8.27%，热储温度高于 150 摄氏度的共 14 处。关中盆地、新疆塔什库尔干地区及吉林长白山地区也有高温地热系统分布。

由于水热型地热资源的温度差异较大，不同温度的地热资源有着不同的应用方向。一般来讲，200 摄氏度以上的高温地热资源可直接用于发电和能源的多级利用等；200 ~ 150 摄氏度的地热资源除发电外还可用于工业干燥等；150 ~ 50 摄氏度的地热资源则主要用于食品和工业生产等；50 ~ 20 摄氏度的地热资源则主要应用于城市供暖、洗浴、种植业、养殖业等。

地热供暖业

地热供暖业在我国地热资源开发利用中占比最大。东北和华北地区由于人口密集，冬季寒冷，中、低温地热资源丰富，是我国地热能供暖利用最集中的区域。据《中国地热能发展报告（2018）》数据，截至 2017 年，我国利用地热能供暖面积增长 31.5%，达到 6.5×10^8 平方米。随着南方供暖需求的强烈，预计到 2025 年，我国地热能供暖面积将超过 20×10^8 平方米。

河北省在利用水热型地热能供暖方面居全国前列，2015 年地热资源开采量突破 1.1 亿立方米，地热能供暖面积达到 6300 万平方米。其中，雄安新区管辖的雄县，是国内首个通过地热能供暖实现“无烟城”的县城，拥有享誉全国的“雄县模式”。雄县地热资源分布面积广、出水量大、水温高，现如今地热能集中供暖面积已占城区集中供暖面积的 85%，覆盖县城 80% 以上的居民小区，每年可减少二氧化碳排放量 12 万吨[①]。

温泉洗浴业

我国利用地热温泉洗浴有着悠久的历史。早在西周时期，周幽王就在骊山修建了星辰汤。后来秦始皇又在骊山建温泉宫。汉武帝时对骊山温泉宫“又加修饰”。位于西安城东 30 千米处的温泉名胜——华清池，因其优质的温泉资源而享誉海内外，唐代著名诗人白居易在《长恨歌》中写道：“春寒赐浴华清池，温泉水滑洗凝脂。”说明在当时去温泉洗浴已经是帝王家的日常活动了。在北京温泉古镇——小汤山，清康熙年间就在此修筑了两处温泉池，后为慈禧的私人浴宫。

进入 21 世纪，我国第三产业蓬勃发展，温泉洗浴业已成为我国利用地热资源第二多的行业。据不完全统计，全国已建温泉疗养院超过 200 家。随着经济的发展，我国温泉洗浴业已经入“温泉 + 旅游”的时代。数据显示，2019 年，我国温泉旅游接待总人次约 7.9 亿人次，年度温泉旅游总收入约为 2492.9 亿元。2020 年，我国浅层地热能利用

① 王贵玲、张薇、梁继运等：《中国地热资源潜力评价》，《地球学报》2017 年第 4 期。

约 5000 兆瓦时，地热 (温泉) 直接利用约 4000 兆瓦时；预计到 2050 年，我国浅层地热能利用将达 25000 兆瓦时，地热 (温泉) 直接利用 10000 兆瓦时。

农业和养殖业

我国利用温泉水灌溉农田的历史也非常悠久。《水经注》中记载，早在北魏时期，湖南郴州地区的人们就使用温泉种植水稻。

水热型地热资源在农业中主要应用于地热水灌溉和温室大棚供暖两个方向。据统计，我国低矿化度地热水农业灌溉共有 117 处；全国地热温室大棚总面积达到 2.13×10^6 平方米。河北作为我国重要的蔬菜产区，地热温室大棚面积占全国总面积的 22%。

水热型地热资源在养殖业则主要应用于水产养殖，已遍及北京、天津、福建、广东等 20 多个省（自治区、直辖市）的 47 个地热田，水产养殖场有 300 余处，鱼塘面积超过 550 万平方米。

根据 2019 年中国地热能利用数据的分析，2019 年地热农业领域利用占 17.9%；地热养殖业领域利用占 2.69%，占到了全年地热能使用总量的近 1/4。

工业利用

水热型地热资源在工业领域应用程度还较低，主要用于工业烘干、矿泉水生产等方面。2014 年，我国工业利用热能量约为 330 亿瓦时，东北和华中地区占比近九成。2019 年中国地热利用工业领域占比约 17.7%，占到了全年地热能使用总量的近 1/5。

发电

我国地热资源多为低温地热，主要分布在西藏、四川、华北、松辽和苏北，而我国地热资源中有利于发电的高温地热资源，主要分布在西南和东南沿海，如云南、西藏、川西、台湾等地区。据估计，喜马拉雅山地带高温地热有 255 处共 5800 兆瓦。迄今运行的地热电站有 5 处共 27.78 兆瓦。

中国最著名的地热发电在西藏羊八井镇。羊八井地热位于拉萨市西北 90 千米的当雄县境内，据介绍，这里有规模宏大的喷泉与间歇喷泉、温泉、热泉、沸泉、热水湖等，地热田面积达 17.1 平方千米，是我国目前已探明的最大高温地热湿蒸汽田，这里的地热水温度保持在 47 摄氏度左右，是我国大陆开发的第一个湿蒸汽田，也是世界上海拔最高的地热发电站。

过去，这里只是一块绿草如茵的牧场，从地下汩汩冒出的热水奔流不息、热汽日夜蒸腾。1975 年，西藏第三地质大队用岩心钻在羊八井打出了我国第一口湿蒸汽井，第二年我国大陆第一台兆瓦级地热发电机组在这里成功发电。

位于藏北羊井草原深处的羊八井地热电厂，是我国目前最大的地热试验基地，也是当今世界唯一利用中温浅层热储资源进行工业性发电的电厂，同时，羊八井地热电厂还是藏中电网的骨干电源之一，年发电量在拉萨电网中占 45%。

截至2020年年底，我国地热发电总装机容量为56.6兆瓦，年发电量为280吉瓦时；我国地热直接利用总装机容量为30.2吉瓦，年利用量为90.6拍焦，但从全球地热发电装机量看，美国、印度尼西亚、菲律宾的地热装机容量位列全球前三名，我国地热发电装机量排在第十九位，仅占全球地热发电装机量的0.22%。可见，我国地热能利用开发潜力巨大。

干热岩利用

干热岩一般是指温度大于180摄氏度，赋存于地下3～10千米深处，不含或含少量流体的高温岩体。由于其蕴含了大量的热能，资源储量巨大，且不受靶区限制，因此作为一种新兴的地热能源，得到了各国的重视。我国干热岩资源潜力巨大，广泛分布于青藏高原、松辽盆地、渤海湾盆地、东南沿海等地。经初步测算，我国干热岩资源量折合标准煤860万亿吨，高于美国干热岩资源的估算结果（570万亿吨标准煤）。根据国际干热岩标准，以其2%作为可开采资源量计算，约为2015年全国能源总消耗量的4000倍。

干热岩的利用是通过增强型地热系统（EGS），经深井将高压水注入地下深部岩层，使其渗透进入岩层人工压裂造出的缝隙并吸收地热能量，再通过另一个专用深井（相距200～600米）将岩石裂隙中的高温水、汽提取到地面，取出的水、汽温度可达150～200摄氏度，通过热交换及地面循环装置用于发电，冷却后的水再次通过高压泵注入地下热交换系统循环使用。

▸ 干热岩地热能开采技术

我国对干热岩的勘探和开发等工作起步较晚，1993年中国地震局地壳应力研究所和日本中央电力研究所，在北京房山开展了干热岩发电相关试验工作，开启了我国干热岩研究初步探索阶段。2007年中国能源研究协会完成干热岩靶区选取和潜力评价工作。2013年中国地质调查局重点在福建漳州、广东阳江和雷琼断陷盆地等地开展了干热岩资源潜力评价与示范靶区项目。

2014年，青海省水工环地质调查院在青海共和盆地恰卜地区实施的ZKD23井，2866米的井底温度达181摄氏度，为我国首次发现的优质干热型高温地热资源；

2017年，中国地质调查局和青海省国土资源厅共同组织在青海共和盆地实施了GR1井和GR2井，其中GR1井底温度达236摄氏度，是我国迄今为止钻获的温度最高的干热型地热资源，取得了我国干热型地热资源勘查的突破。[①]

2018年6月江苏地质调查院组织实施了“江苏省干热岩资源调查评价项目”，在苏北盆地圈定了干热型高温地热资源靶位，并于2021年1月在兴化市城北成功实施了苏热1井，孔深约为4700米，钻获温度约155摄氏度，证实了苏北盆地含有丰富的干热岩资源。[②]

2019年我国在山东省日照、威海两市发现储量丰富的干热岩矿床，折合标准煤188亿吨，矿床总面积达1500平方千米左右，初步估算，可以支撑我国3800年能源消耗使用。

目前，国际上认为干热岩资源是最具有潜力的战略接替能源，受到各界高度关注。特别是我国在寻求资源能源结构转型的过程中，干热岩资源丰富的储量，未来完全能够替代煤炭的主导地位。

开发地热资源，是缓解我国能源危机、助力实现“双碳”战略的有效方法之一，进而使节能减排的呼声得以落到实处。

---

① 参见曹锐、多吉、李玉彬等《我国中深层地热资源赋存特征、发展现状及展望》，《工程科学学报》2022年第10期。

② 同上。

地下空间是新发展阶段城市经济增长的主动力

10～15年之内，即从现在到2035年，我国将面临经济增速下降的局面。而随着自动化、人工智能等技术的发展，就业也将是我国面临的严重社会问题。所以在新的发展形势下大规模开发地下空间，是促进就业、拉动内需、带动土地增值、提升城市竞争力及促进城市转型的强大动能，是新时代经济增长的主要动力之一。

一方面，地下空间的开发建设可直接拉动社会投资。“十三五”期间全国地下空间开发直接投资总规模约8万亿元[①]，按照1:2.6的GDP转化率，拉动经济21万亿元左右。以轨道交通为例，到2030年，在2020年基础上预计新增里程11000千米左右，每年投资超过8000亿元，按照国内外专家估算的1:2.7的GDP综合贡献率计算[②]，每年GDP贡献预计超过2万亿元。“十三五”期间地铁年均投

① 参见中国工程院战略咨询中心、中国岩石力学与工程学会地下空间分会、中国城市规划学会《2020年中国城市地下空间发展蓝皮书》，2020年12月。

② 参见李晓昭、王睿、顾倩等《城市地下空间开发的战略需求》，《地学前缘》（中国地质大学［北京］；北京大学）2019年第3期。

资4000亿元，按照1:2.6的GDP转化率，每年拉动GDP约1万亿元；综合管廊在“十三五”期间每年建设2000千米，按照1.5倍GDP拉动估算，年均拉动GDP3600亿元；全国目前每年地下综合体、人防工程、地下停车场建设等，每年拉动GDP约2万亿元。

另一方面，地下空间的开发可带动周边商业和服务业的繁荣，提供巨大的转换收益。地下交通设施的建设提升了城市中心区与周边的连通性，商业体聚集了人流，地下基础设施提升了周边土地的宜居程度，各种地下空间设施的建设间接提升了周边的土地价值，提高了城市运行效率，促进了周围各类服务业的繁荣，提供巨大的转换收益。例如，哈尔滨市建成了23个地下商业街，总面积达80万平方米，年营业额超过30亿元，解决了13万人就业问题。

地下空间产业化是城市经济发展的主驱动

近十年来，随着工业化、城镇化进程推进，我国城市地下空间开发利用进入快速增长阶段。尤其在人口和经济活动高度集聚的大城市，在轨道交通和地上地下综合建设带动下，城市地下空间开发规模增长迅速，需求动力充足。与此同时，地下空间开发利用类型呈现多样化、深度化和复杂化的发展趋势。在类型上，逐渐从人防工程拓展到交通、市政、商业服务、仓储等多种类型；在开发深度上，由浅层开发延伸至深层开发；在具体项目上，由小规模单一功能的地下工程发展为集商业、娱乐、休闲、交通、停车等功能于一体的地下城市空间。

以地铁为主导的地下交通、以综合管廊和地下管网为主导的地下市政、地下交通枢纽以及地下人防成为我国城市地下空间开发的主要力量，并直接推动地下物流仓储、地下公共服务设施的迅速发展，形成了地下交通产业、地下市政产业、人防产业、综合管廊产业、地下物流产业齐头并进的格局，并催生了地热能、地下施工装备及材料、地下空间勘察规划设计、地下空间智慧化信息化管理等产业的迅猛发展。

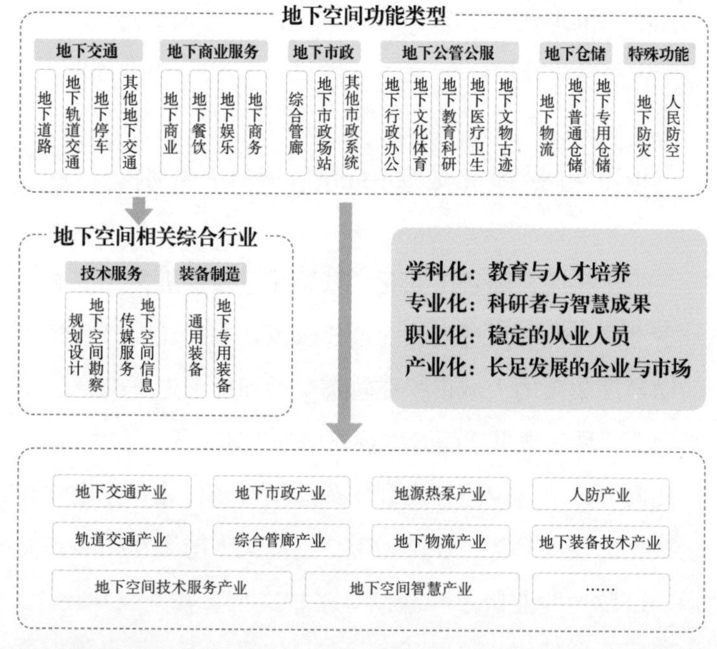

▶ 地下空间行业和产业分类

“十三五”期间，中国地下空间产业体系已显示出强大的市场潜力，地下空间领域的行业市场、科技水平已成为推动中国参与国内外经济合作与竞争的主导力量，尤其是处于中国“三带三心多片”的地下空间总体发展格局中的城市，逐步形成地下空间行业的学科化、专业化、职业化与产业化的发展体系，城市地下空间开发利用综合效益越来越显著，在城市发展中的地位日益提高。

主导地下空间市场的行业透析

地下交通拉动经济

地下轨道交通

作为重要的基础设施和民生建设工程，地下轨道交通建设一直受到政府的高度重视，近年来国家陆续出台多项政策、规划推动地下轨道交通行业的发展。《中华人民共和国国民经济和社会发展第十三个五年规划纲要》、《国家中长期科学和技术发展规划纲要（2006—2020 年）》、《产业结构调整指导目录（2011 年本）》（2013 修订）等政策文件中将轨道交通及其车辆设备等行业列为鼓励类产业，并且扶持企业自主创新。《国务院办公厅关于进一步加强城市轨道交通规划建设管理的意见》的发布，提高了申报轨道交通建设的门槛，但从限制内容上来看，主要针对三四线城市盲目发展城市轨道交通进行限制和规范，对新一线城市基本没有影响。2018 年 12 月至 2019 年 1 月，国家发展改革委集中先后批复了重庆、上海、长春、武汉的新增轨道交通建设的规划，并批复了济南、杭州的轨道交通建设调整规划，所涉及的项目投资总额超过 7200 亿元。

根据 2019 年中国政府采购网及各级政府公共资源交易中心官网，2019 年中国共有 31 个城市推进轨道交通建设相关项目（以公开中标项目为准），轨道交通市场总额为 2520 亿元，主要集中在轨道交通上游与中游产业。2019 年中国轨道交通产业从城市层面来看，投资最多的是天津市（1013 亿元），其次是成都市（615 亿元）；从区域层面来看，市场活跃度最高的区域是华东地区，遍布 15 个城市。

根据我国城市轨道交通运营情况，交通运输部统计，2023 年 7 月，我国 50 多个城市运营的城市轨道交通近 300 条，总里程近 1 万千米。如表 1 所示。根据各城市发展规划，中国城市轨道交通协会统计，我国共有 70 个城市规划了超过 700 条城市轨道交通线路，总里程超过 2.8 万千米；根据交通需求理论预计我国远期城市轨道交通需求约为 2.3 万千米。随着城镇化进程的逐步加速，中国的地下轨道交通建设有望迎来黄金发展期。

表 1　2023 年 7 月城市轨道交通运营数据

序号	城市	运营线路 / 数	运营里程 / 千米	客运量 / 万人次	序号	城市	运营线路 / 数	运营里程 / 千米	客运量 / 万人次
1	上海	20	825.0	32906.5	6	杭州	12	516.0	12193.2
2	北京	27	807.0	31609.7	7	武汉	14	504.3	11533.9
3	广州	18	609.8	28344.8	8	重庆	10	455.9	11902.3
4	深圳	17	558.6	25413.9	9	南京	14	448.8	8730.6
5	成都	13	557.8	19465.5	10	青岛	8	323.8	4965.2

续表

序号	城市	运营线路/数	运营里程/千米	客运量/万人次	序号	城市	运营线路/数	运营里程/千米	客运量/万人次
11	西安	9	294.0	12202.8	32	徐州	3	64.1	797.3
12	天津	8	286.0	4678.1	33	绍兴	3	57.8	322.5
13	苏州	8	258.5	4629.9	34	常州	2	54.0	688.2
14	大连	6	237.1	2247.2	35	温州	1	52.5	108.1
15	郑州	8	233.0	4700.2	36	呼和浩特	2	49.0	596.3
16	沈阳	10	216.7	4315.3	37	芜湖	2	46.2	271.7
17	长沙	7	209.1	9136.0	38	洛阳	2	43.5	552.9
18	宁波	6	186.0	3184.0	39	昆山	2	43.0	492.2
19	合肥	5	173.3	3460.3	40	南通	1	38.5	171.7
20	昆明	6	165.9	2747.3	41	东莞	1	37.8	450.4
21	南昌	4	128.5	3121.6	42	兰州	2	33.5	1117.4
22	南宁	5	128.2	3182.8	43	乌鲁木齐	1	26.8	365.0
23	佛山	6	127.3	1436.5	44	黄石	1	26.8	29.6
24	长春	5	111.2	2064.0	45	太原	1	23.3	382.1
25	无锡	4	110.8	1599.4	46	淮安	1	20.1	58.0
26	福州	4	110.7	1679.0	47	句容	1	17.3	59.6
27	厦门	3	98.4	2297.5	48	嘉兴	1	13.8	21.8
28	济南	3	84.1	811.8	49	文山	1	13.4	8.2
29	哈尔滨	3	78.1	2491.8	50	红河	1	13.4	2.6
30	贵阳	2	74.4	1268.5	51	天水	1	12.9	9.3
31	石家庄	3	74.3	1359.3	52	三亚	1	8.4	7.0

注1：本表按城市运营里程由大到小排序。运营线路条数中上海地铁11号线（昆山段）、广佛线和广州地铁7号线（佛山段）、宁句线（句容段）、苏州地铁11号线（昆山段）不重复计算。

注2：本表含北京、广州、成都、武汉、深圳、南京、青岛、苏州、沈阳、佛山、黄石、淮安、嘉兴、文山、红河、天水、三亚等城市有轨电车线路，不含大连201路和202路、长春54路和55路等与社会车辆完全混行的传统电车。

注3：珠海有轨电车1号线自2021年1月22日起暂停运营，以及海宁杭海线，未列入本表。

地下停车场

截至2021年12月，我国民用汽车拥有量为2.94亿辆，其中，私人汽车拥有量达2.61亿辆。按每千人汽车保有量计算，中国每千人汽车保有量达到185辆，已超过世界平均水平（平均每千人汽车保有量为135辆）。若同样按照每辆车匹配1.3个泊位的国际标准来计算，中国汽车停车位总需求量达到3.39亿个，但中国传统停车位总数明显不足，停车位供需缺口显然巨大。

当前，无线通信技术、移动终端技术、GPS① 及 GIS② 等多种技术，不断应用于城市停车位的智能化采集、管理、查询和预定。不少企业正在自主研发车牌识别算法，同时依托车型识别、车标识别等能力，对目标车辆的所有数据信息进行分析处理，整合视频监控、车辆识别、物联网等技术，打造现代化先进的智慧停车综合解决方案，将停车业务带入真正智能化的管理时代。2015年以来，智慧停车行业持续吸引大量资本入局。2016年南京地铁夫子庙站建立首个机器人智能停车库，其采用“激光导航+梳齿交换”式汽车搬运机器人，可实现无人驾驶、计算机全自动控制，自动取车时间仅需2~3分钟，能让传统停车场节约停车位40%以上。

目前地下智能停车库整个行业迎来爆发式发展，短期内集聚超200家企业参与其中。在整个行业崛起的大背景

---

① GPS指全球定位系统（global positioning system），是一种以人造地球卫星为基础的高精度无线电导航的定位系统，它能为全球任何地方以及近地空间提供准确的地理位置、车行速度及精确的时间信息。

② GIS指地理信息系统（geographic information system），有时又称地学信息系统，是一种特定的十分重要的空间信息系统。它是在计算机硬、软件系统支持下，对整个或部分地球表层（包括大气层）空间中的有关地理分布数据进行采集、储存、管理、运算、分析、显示和描述的技术系统。

下，自 2018 年初始，智慧停车行业共实现 26 起融资，多家企业相继受资本追捧，如顺易通信息科技有限公司获蚂蚁金服 2 亿元的战略投资；“停简单”实现以阿里巴巴领投的 C 轮融资；辉通科技亦宣布获得 A 轮融资；行业内 C 轮及以后轮次的融资项目更多达 10 个。随着资本的进驻，智慧停车行业将获得更充足的发展资源，有望进入更成熟的发展阶段。①

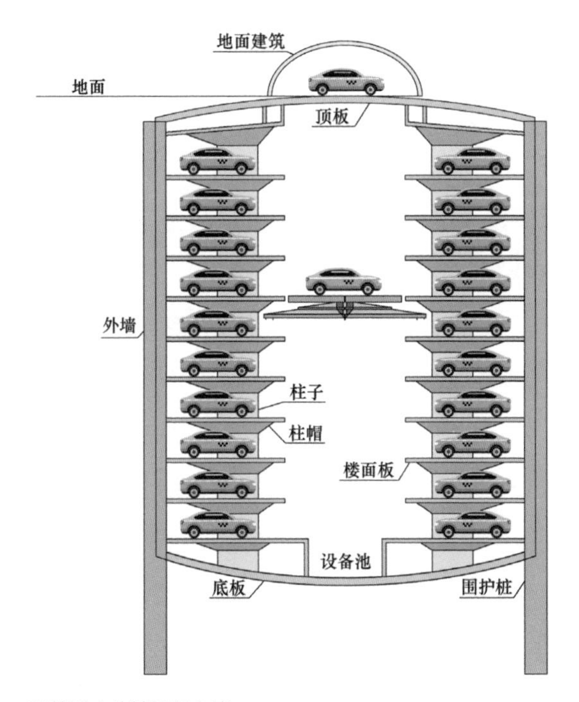

▶ 圆筒型立体地下停车库

① 参见北京智研钧略信息咨询有限公司《2016—2022 年中国地下空间开发利用产业深度调研及市场前景预测报告》。

“十四五”或更长一段时期，开发建设地下立体智慧停车库，是潜在重大的市场机遇。

地下市政拉动经济

地下市政管网

城市地下市政管网负担着城市能源供给、信息传输、污水和废水排放，为城市的生存和发展提供基础保障，是城市赖以生存的生命线。2019年全国仅给水、排水、燃气、热力管道总长约为283万千米。在数量和规模快速增长的同时，市政管网的建设和管理更注重质量、内涵的提升。统筹管网建设、管理维护、应急防灾等全生命周期管理过程，提高管网安全性能，促进我国城镇高质量韧性发展，是“十四五”时期地下市政管网行业发展的重要方向。

目前，我国地下市政管网种类繁多、数量庞大、密集敷设、病害严重，特别是近几年来，管网运行中暴露出的泄漏、爆管、爆炸、地面塌陷等频发事故，引起政府和全社会高度关注，因此，地下管网产业未来主要聚焦在存量的管理、运维和改造，地下管网的探测、健康检测、修复改造、信息化管理等产业将蓬勃发展，以安徽省某地级市管线安全评估及智能化改造为例，投资总额度高达5.1亿元。

地下综合管廊

现阶段，全国范围内已建综合管廊的规模较小，不管是从长度上还是密度上，北上广等一线城市和发达国家主要城市相比都存在着较大差距。早在2014年国务院就提出在36个大中城市开展地下综合管廊试点工程，将为全国推进城市综合管廊建设提供可复制、可推广的经验。

据不完全统计，全国综合管廊建设里程约为1700千米。其中，试点的10个城市总投资351亿元，全国共有69个城市在建地下综合管廊约1000千米，行业总投资规模超过1700亿元。根据全国31个省级行政区划单位公布的城市地下综合管廊建设规划，合计拟建设城市地下综合管廊12000千米以上。未来地下综合管廊需求超3万千米，投资规模将达上万亿元。[①]

地下商业街拉动经济

城市商业的迅猛发展

现代城市的繁荣离不开经济的发展，城市商业作为经济发展的风向标，体现了城市的繁荣程度，因此各地都在积极进行商业开发。但商业开发只有形成一定规模，才能产生经济效益，也才能更具吸引力。为了实现土地资源的集约化发展，对商业区道路的地下空间进行充分开发，设置地下商业街，不仅有效利用了土地资源，而且也实现了商业区各独立商业体的无缝连接，营造了连续的商业活动环境，从而形成了规模巨大的商业区，增强了区域吸引力，提升了经济效益，进而促进了整个城市商业的持续繁荣和发展。

地下人防工程拉动经济

20世纪30年代，我国开始对地下空间进行开发，主

① 参见北京智研钧略信息咨询有限公司《2016—2022年中国地下空间开发利用产业深度调研及市场前景预测报告》。

要用于人防工程。70 年代，地下人防工程的开发达到了高峰，但该阶段仍以人防为首要功能，并不鼓励商业开发。改革开放以来，随着经济建设的全面兴起，地下空间仅具有单一的人防功能显然是对土地资源的严重浪费，于是平战结合理念被提出，部分地下人防工程改为商业用途。人民防空工程坚持“有偿使用、用管结合”原则，开发利用力度不断加大，既增强了人民防空自我发展的能力，又为经济建设和人民生活改善做出了贡献。

从全国来看，在人防精品工程的带动下发展较为快速的、商业街和人防工程结合较好的案例层出不穷。总的来看，我国的人防工程建设不断完善，总量增长迅猛。2016—2019 年，人防工程投资规模从 182 亿元增长至 258 亿元。可见，我国的人防工程建设和利用前景仍有巨大空间。[①]

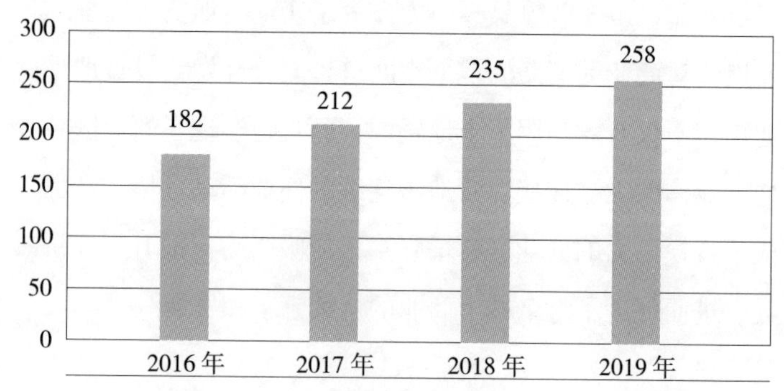

▸ 2016—2019 年我国人防工程投资规模

① 参见北京智研钧略信息咨询有限公司《2016—2022 年中国地下空间开发利用产业深度调研及市场前景预测报告》。

地热能产业拉动经济

在“双碳”战略背景下，大规模、可持续、高效开发利用是浅层地热能利用发展的必然趋势，在改善能源结构，解决日趋严重的全球环境问题的同时，对拉动城市经济增长，促进产业发展的功效也很显著。截至2020年底，我国浅层地热能建筑应用面积达8.41亿平方米，应用规模位居世界第一；减去2013年的3亿平方米，实增5.41亿平方米，按建设投资费用230元每平方米均价计算，实现市场规模1244亿元以上；全国336个地级以上城市浅层地热能的年可开采资源量，可实现供暖或制冷建筑面积320亿平方米，潜在市场规模为73600亿元。以北京市为例，2013—2020年新增浅层地热能利用面积约3700万平方米，实现市场规模约85亿元[①]。

现阶段，科学合理地发展地下空间可以有效解决城市发展过程中遇到的挑战，实现城市高质量发展和城市现代化。但这还远远不够，为了建设美好中国，实现人民对“美好生活”的向往，我们还需不断地对未来城市提出构想，搭建我们理想中的地下城。

① 参见卫万顺、李翔《未来10 ~ 15年中国浅层地热能发展方向战略分析》，《城市地质》2021年第1期。

第05篇

探索与开创

——地上地下协同发展的未来城市

导语

城市承载着人类对美好生活的憧憬和向往!

长期以来，人类不断探索提出未来城市的种种构想，从欧洲文艺复兴时期的理想城市，到19世纪的田园城市，再到后来的卫星城市、山水城市、生态城市等。但这些理论上的未来城市空间模式，全是以地表为基面来组织城市的空间，我们称之为“平面模式”城市。

习近平总书记强调:“城市规划和建设要坚决纠正‘重地上、轻地下’,‘重高楼、轻绿色’的做法。”

随着人类文明的进步及城市化进程的推进，要解决城市快速扩张带来的土地紧缺、环境污染、交通拥堵以及城市安全等问题，人们对城市建设和发展不再局限于地表，思考方向及目光转移到地下。

以人为本，探索地上地下协同发展的“立体城市”,构建“地上 + 地下”立体、透明、宜居、韧性和智慧的未来城市，将是我们开创未来城市新篇章的思维导向。

长期以来，由于人们对美好生活的向往，进而对未来城市产生了无限的憧憬和殷切的期望，不断提出关于未来城市的种种设想。这些城市构想，有民间提案，有科学家提案，有科幻作品的构想，但无论是哪一种设想，都体现了人们在不断探索摆脱城市发展困境的途径，同时体现出人们在城市发展的不同时期对宜居的期盼，对资源的需求，以及对生态的渴求。

按照当今科技进步之趋势，我们很难想象百年后，地球上的城市会是什么样子？当我国经济发展进入新常态，城市发展同步进入新阶段后，未来我国城市又是什么样子呢？无论我们如何构想未来，城市发展的历史经验告诉我们，未来构想一定是与我们的现实生活联系起来的。

未来城市必须以人为本，注重地上地下空间的塑造与功能衔接组合，进而满足人们多样化的社会需求，是宜居的、和谐有序的、绿色的城市。

未来城市必须立体集约，要以土地为载体，用足城市存量空间，减少盲目扩张，加强对现有地下空间的更新与改造，以节约基础设施和公共服务成本；城市建设相对集中，密集组团，生活和就业单元尽量减少，即从平面化向立体化发展。

未来城市必须是透明的、智慧的，从河湖、森林以及城市地上建筑物、各类设施到地下空间各类设施、地层结构、地下水、地热能源均一览无余，并利用现代数字技术、信息技术、物联网技术，将城市的信息与数据、系统和服务、运营和管理打通集成，所有数据尽在掌控之中，城市管理运营更智慧、更高效，人们生活更便捷、更有安全感。

未来城市的探索与构想

早期探索："平面模式"

人类的聚居生活习性是原始城市形成的原动力。最初的城市是自发形成的，而后城市空间的发展受到诸如军事、政治、宗教、文化、自然等因素的影响，逐步演变成古代的城市模式，典型的如中国古代的城市、欧洲中世纪的城市。

早在 15 世纪欧洲文艺复兴时期，长期以来在封建桎梏下思想解放的人们，不满于当时落后的城市生活，于是出现了理想城市的设想，如主张重视城市公共生活，缩小乃至于消灭城乡差别。这种乌托邦式的城市构想，由于当时落后的生产力，是不可能实现的。

随着时代的发展、科技的进步，到工业革命完成以后，城市的发展已经突破了过去农业、手工业时期的规模，迅速扩大发展起来，形成了现代意义上的大城市的雏形。继此之后，在 19 世纪末到 20 世纪初，很多现代城市发展理论相继被提出。

田园城市

1898 年，英国学者埃·霍华德提出了田园城市的设想[①]，认为城市的根本问题在于城市的无限制发展和土地私有、土地投机等，认为城市土地不但要统一管理，而且城市要与乡村结合。他设想城市应该包括城市和乡村两个部分，城市四周被农业用地环绕，中央是一个大公园，交通主干道从中心向外辐射，最外圈建设各类工厂、仓库、市场，居民生活在合理、优美、舒适的环境中。

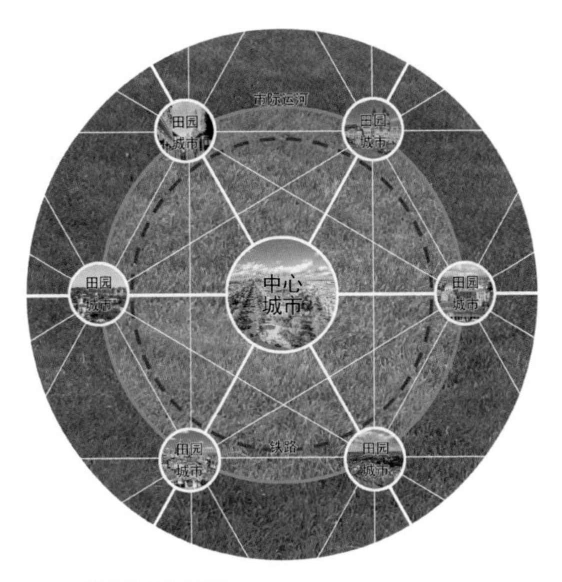

▶ 田园城市的构想图示

霍华德创造性地对城市规模、布局结构、人口密度、绿化带等城市规划问题，提出一系列见解，对后来的城市

① 这一概念最早是在 1820 年，由著名的空想社会主义者罗伯特·欧文提出的。田园城市是 19 世纪四大城市设计（田园城市，1903 年；工业城市，1904 年；带形城市，1882 年；方格形城市，1811 年）理念之一。

规划理论颇有影响。

卫星城市

卫星城理论是针对田园城市实践过程中出现的背离霍华德基本思想的现象，由美国的恩温于 1920 年提出的，即在大城市周边建设一批卫星城市，吸引和疏散城市中心地区的人口和部分功能。1924 年，在阿姆斯特丹召开的国际城市会议上提出建设卫星城是防止大城市规模过大的重要方法，从此，恩温提出的卫星城便成为一个国际上通用的理念。第二次世界大战后，欧美等许多发达国家为了缓和大城市的拥堵和人口密度过大的矛盾，都规划建设了许多卫星城市。

现今世界各国建设卫星城市主要有两个目的：一是为了疏散大城市的人口、工业或科学研究机构；二是为了在大城市外围发展新的工业或第三产业。

虽然卫星城市对于自由涌入大城市的人口有一定的截流作用，但对疏散大城市人口的作用并没有太理想的效果。世界各国实践证明，建设城市职能比较单一的卫星城市对城市的发展效果一般。

生态城市

20 世纪 60 年代起，由于战后经济的恢复，资本主义世界的经济高速增长，导致大城市的畸形发展，城市矛盾急剧尖锐化，其中生态环境问题最为突出，促使人们更多地从生态环境的角度研究、改造和发展城市。

于是在20世纪70年代，联合国教科文组织发起的“人与生物圈计划（MAB）”研究过程中提出了建设生态城市的设想。这个概念一经出现，立刻受到全球的广泛关注。不过，关于生态城市概念，众说纷纭，现今仍没有公认的、确切的定义。总的来说，生态城市的创建标准，要从社会生态、自然生态、经济生态三个方面来确定。但诸多因素一直约束着生态城市的发展，成效有限。因此，如何实现城市经济社会发展与生态环境建设的协调统一，就成为国内外城市建设共同面临的一个重大理论和实际问题。

山水城市

1990 年，我国著名的科学家钱学森先生提出了创立山水城市的概念，是在中国传统的山水自然观、天人合一的哲学观基础上提出的未来城市构想。其核心思想是将现代科学技术与中国传统文化相结合、中外文化相结合、城市园林与城市森林相结合，通过“尊重生态环境、追求山水环绕的境界”把整个大城市建成一座大型园林。

钱学森先生提出的山水城市的理论和构想不仅符合世界城市发展的生态化、可持续大趋势，而且与生态城市、森林城市、低碳城市、绿色城市、宜居城市、美丽城市等新的城市建设理念一脉相承，具有重要的借鉴价值。

但目前为止，山水城市更多的只是一种构想。

对比这些理论的城市空间模式，可以发现其共同的一点：都是基于平面的城市发展理论，其基本的特点是以地面为基面来组织安排城市的空间，不妨称之为“平面模式”城市。回顾几千年的城市史可以发现，“平面模式”几乎是唯一的也是最重要的城市模式，当然这是一种最简单、最直接、最基本的模式，它是与当时人类生产力、科技的发展水平相适应的。因此“平面模式”的城市空间几千年来未有本质的改变，从而使其深深嵌入人类的文明之中，根深蒂固于人们的集体潜意识之内，时至今日仍然是我们习以为常的城市模式。显然，这种“平面模式”随着城市的进一步发展，不能满足人们对未来美好生活的期盼。

中期构想：“立体模式”

随着城市化进程的推进，当地上空间被大量开发，却不能满足城市快速扩张的需求，城市面临资源匮乏、环境污染、能源短缺、交通拥堵等挑战，以及城市安全问题仍然没有得到有效解决时，城市建设便不再局限于地上和地面空间，人们开始把目光转移到了地下，对立体城市做出了无限的畅想。

分层应用的地下城市

1882 年，西班牙工程师索里亚・伊・马塔提出了线形城市的城市设计理念，他认为城市应该沿着运输线呈线性发展，1922 年，在柯布西埃的明天城市规划方案中，提出了地面、地下、空中三个不同的城市运输线的建设开发方案。这应该是地上地下空间协调发展的未来城市雏形。

1983 年，资本主义国家迎来了私人小汽车数量激增的年代，这导致了严重的城市交通拥堵和能源消耗问题。瑞典建筑师汉斯·阿斯普提出了应对当时小汽车剧烈膨胀时代问题的双层城市的理念，[1]这一理念突破传统城市建设向水平面延伸发展的固有思维，力求在城市建设中利用垂直方向的空间，试图通过立体化交通分层的建设模式将城市机动车交通、非机动车交通以及步行交通完全分离，从而减少城市交通拥堵，这是城市立体化发展的又一伟大的理论突破。

1990年，日本建筑师渡边四郎，根据日本的城市地下空间建设情况，提出了分层开发城市地下空间的具体模式。他提出可以根据地下空间的不同功能，按不同深度将地下空间分为四个层次：第一层是人们日常活动相对频繁的商业、商务、娱乐、办公、休闲空间；第二层是人们日常活动频率相对较小的以交通职能为主的空间；第三层是专业人员活动的生产设施；第四层是敷设各类市政管道，如污水、电缆和煤气管道等设施。

21世纪以来，发达国家由于其城市化的飞速发展，许多大城市都出现了城市土地资源严重不足的情况，针对这些现实的城市问题，城市建设领域的专家学者对城市地上地下空间发展建设进行探索和实践。例如，加拿大地下空间学者约翰·扎卡赖亚斯提出，如果能将城市地上

---

① 参见童林旭《地下空间与城市现代化发展》，中国建筑工业出版社，2005，第292—297页。

地下组合联系为一个城市整体开发的空间环境，并能根据城市不同的功能划分，将其合理分配到城市地下和地面空间中去，这样城市就能“自组织”为一个有序发展的完整系统。这种理念进一步突破传统城市建设固有思维，自此许多大城市的城市规划建设开始走地上地下融合发展之路。

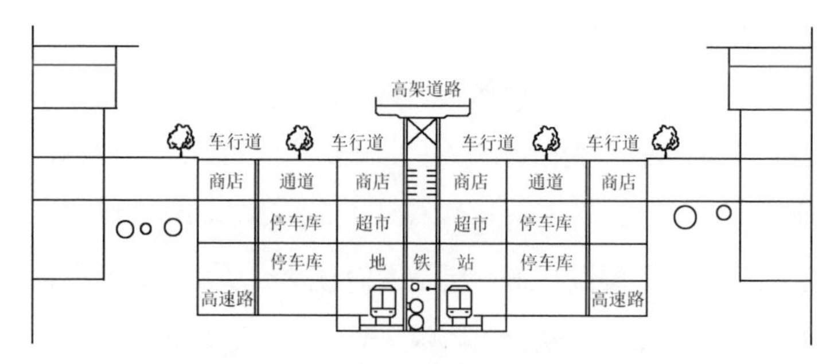

▶ 城市立体化开发构想

▶ 地下交通分层利用模型

多功能的地下生态城市

早期的未来地下城市构想，大多数以解决城市交通问题为主，同时充分体现了对城市地下空间立体化、分层化应用的渴求，虽然构想模型的功能单元、空间组合形式比较简单，但其前瞻性的新理念，为今后构建“地上 + 地下”立体、透明、绿色、智慧的未来城市，提供了丰富的理论基础和畅想空间。

近年来，谢和平院士提出未来地下生态城市发展构想，按深度把地下空间划分多个生态和功能层，规划了地下 2000 米以内深度范围的地下城市，构建地下人类定居、生产、制造、科学研究全链条生态圈，实现向地下要空间、要资源、要生态的愿景构想。

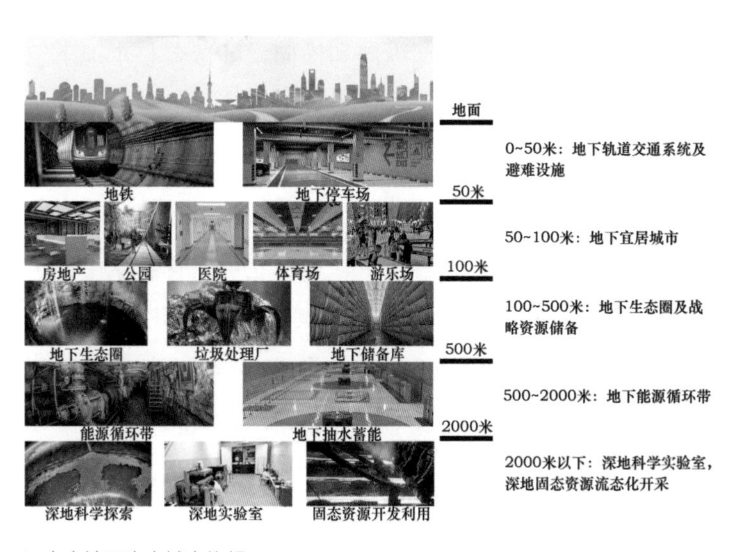

未来地下生态城市构想

地下轨道交通系统及避难设施（地下 50 米以内）

作为地面城市的补充，构建地下立体交通网络，与地面车行交通道路相联系，通过“空中步道系统”将人行道互相连接，形成了“多层城市”的立体模式，实现城市规模的竖向延伸，解放地面交通压力。构筑地下停车库、商城、医院，设计地下避难设施，在火灾、地震、战事等特殊条件下确保人类安全。

地下宜居城市（地下 50 ~ 100 米）

突破深地大气循环、能源供应、生态重构等瓶颈，建设地下宜居生态城市，包括地下房地产、公园、生态瀑布、医院、养老院、体育馆、游乐场等。引入模拟阳光、深地地热转换与空气循环系统、地下储能与水电调蓄系统、地下水库及地下生态植被系统和通信网络，形成独立的深地自循环生态系统。在深部纵向和横向设计覆盖整个地下空间的交通网络，用于地下城市大型建筑的连通，方便整个地下城市的构建。设计并搭建地下城市物联网，建立统一的数据架构和数据模型；创建地下城市大数据库；研究大数据环境下多源信息融合技术，为建立地下智慧城市奠定基础，提出地下城市宜居环境的参数化、定量化评估方法，构建新型地下生态宜居城市。

地下生态圈及战略资源储备（地下 100 ~ 500 米）

探索地下农业、地下畜牧业、地下渔业等地下生态带构建技术，形成非生物部分、生产者、消费者、分解者的全链条生态系统，实现生物群落与无机环境的统一，作为城市生态系统的补充与扩展。同时，充分利用深地较高抵御自然灾害能力特性，开发深地储油库、深地种子库及粮仓、深地水库、深地数据中心等，从能源安全、信息安全角度确保深地生态城市的可持续运行与国家安全。

地下能源循环带（地下 500 ~ 2000 米）

地下生态城市与地面存在高落差，蕴含丰富的水能资源，修建深地抽水蓄能发电站，将深部地下水在电能过剩时，抽取到高处的抽水蓄能电站蓄水池，电能紧缺时利用水头差进行水力发电，实现深地空间的储水、蓄能、发电，最大限度利用深地可再生水利资源，解决地下生态城市的能源供给问题。综合深地增强型地热转换与储存、深地高落差式地下水库 (蓄能调节) 及水力发电技术，构建多元能源生成、蓄能、调节与自循环系统。

深地科学实验室，深地固态资源流态化开采（地下 2000 米以下）

针对深地特殊环境，构建深地科学实验室，进行大规模深地科学探索研究，如深地岩石力学、深地地震学以及能源储存、热利用等一系列科学前沿探索性问题，探索深地固态资源流态化开采新技术。

例如，新加坡正考虑在西部的科学园区地下相当于 30 层楼的深度打造地下科学城。预计整座科学城可容纳 4200 名科学家和研究员，规划把购物和运输中心、水电厂、人行、单车道等都移往地下。其研究的 10 个地下空间发展用途分别为发电厂、焚化厂、水供应回收厂、垃圾掩埋厂、

▶ 新加坡地下科学城效果图

蓄水池、仓库、港口和机场后勤设施、资料中心等。

科幻作品中的未来地下城市

人类从未停止过对上天、入地、下海的想象。在众多的科幻小说中描摹出的一个个奇妙世界，正在一点点变成现实。建设地下城，居住在地下，是各类科幻作品中一个普遍的畅想。

科幻小说家阿西莫夫，早在20世纪50年代写下的《钢穴》中，就提出了地下生活的构想。在他的笔下，2000多年后的地球，科技高度发达，但人满为患。因此，一部分人类向太空进发，开辟地外的星球，成为“太空族”；而居住在地球的人类，则进入地下，实现低碳生活，留下地面的广阔土地，用于农业生产。

科幻作家刘慈欣在《三体 2：黑暗森林》中描写，由于经历多年军备和资源开发后，复兴时期的人类因地表环境恶劣，不得不建立了大量地下城。地下城的整体面貌仿佛一片巨型森林，其间有多根细长的“树干”直通地下城的顶部，“树干”上又伸出大量的“树枝”和“叶子”。“树干”是地下城结构上的支撑柱，每根“树干”都有自己的编号。地下城的建筑物就像是“叶子”一般悬挂在“树枝”上。“叶子”的分布有疏有密，看起来错落有致。此外，在“树干”里还装有高速电梯，居民可以乘坐电梯穿越地层到达地面。高高的穹顶上，遍布着全息投影，映射着蓝天白云。人们虽然身处地下，但与地上感觉无异。

▶ 科幻作品中的未来地下城市

远期畅想：立体透明智慧城

人类社会发展到不同阶段，对未来城市的构想也在不断变化。

现在，我们吸纳城市不同发展阶段的专家学者和社会有识之士对未来城市的畅想，结合城市发展愿景和发展规划，认为未来城市构想的合理性和现实可行性，需要以下三个前提。

第一，必须建立在人与自然、人与社会、人与环境全面协调发展的基础上，并与经济、社会发展目标和科学技术发展方向统一起来。

第二，建设未来城市不能脱离城市的发展阶段和发展水平，必须采取有效措施解决当前和近期一段时间内城市存在的种种矛盾和问题，为今后的顺利发展创造有利条件。

第三，通过高新技术提高土地对人口的承载能力，提高对资源的循环使用水平，降低能源消耗和解决开发新能源的困难，治理环境污染和改善生态平衡，提升城市对自然和人为灾害的防御能力。

也就是说，未来城市的构想不仅要在经济和技术上可行，还要坚持“以人为本”的理念，把注意力放在更长远的未来，朝着生态绿色、安全韧性、立体透明、智慧化、智能化等目标探索实践。

城市地表生态化、园林化

高层建筑集中在城市中央商务区、金融区、企业总部区，不再到处是水泥森林和玻璃幕墙，城市建筑规划有序，城市功能区分布合理，呈现轮廓舒展、韵律起伏的城市天际线。大量适宜于地下空间的建筑设施地下化，置换的大片土地用于建造城市大型园林、绿地，足够的森林绿地、足够的江河湖面、足够的自然生态，使城市内部树木葱郁、林带环绕，城市外围保留农耕记忆、营造花海景观，形成三季有花、四季有绿的都市田园风光。

城市交通绿色低碳化

城市居民出行方式以“地面公共交通 + 地下轨道交通”为主导，推广交通枢纽与城市功能一体化开发模式，在公共交通廊道、轨道站点周边集中布局公共服务设施。地下步行通道与下沉式广场、地下轨道交通场站、地下停车场以及地面办公区、大型公共活动建筑物相互无障碍连接贯通，地上大型建筑物通过空中走廊互相连通，形成一个空中、地面、地下三个层面的立体化步行系统，缩短不同交通方式的换乘时间和距离。快速路、高速公路、停车场地下化，从而使汽车尾气排放得到有效遏制，使城市交通拥堵、停车难等城市通病成为历史记忆。

城市基础设施地下化

位于城市主要干道下方的给水、排水、中水、热力、电力、燃气、通信等地下管线全部纳入地下大型综合管廊，对应的附属设施如水厂、泵房、污水处理厂、变电站、垃圾处理厂、燃气调压站等置入地下空间。彻底消除地下管网维护、检修导致的“马路拉链”问题，管道爆裂、泄漏引发的安全事故和环境污染事故得到有效遏制。同时，大型综合管廊设置物流、生活废弃物运输通道，运输来自节点建筑的货物、废弃物。

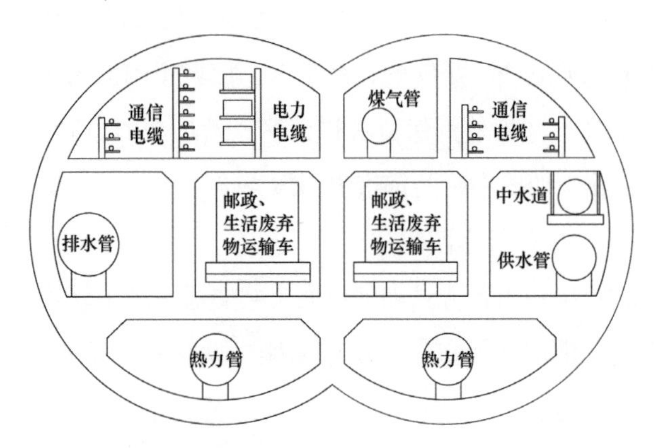

▶ 地下综合管廊断面图

例如，生活废弃物运输通道建成后，生活垃圾不再采用传统的地面运输方式，家里的垃圾打包好后，扔进一个专用的投放口，通过“地下旅行”，最后送达垃圾场集中处理。中转过程都在地层深处，形成垃圾运输闭环，再也不需要社区垃圾中转站，收集垃圾耗时长、污染大、人力投入大的弊端将被彻底改变。

城市防灾综合化、一体化

假设，当城市遭受现代高技术战争袭击或者灾害时，大规模开发的各类地下空间设施可以为滞留在各种公共建筑中和地面上的人群提供临时掩蔽处，并通过地下空间横向贯通、竖向互通的通道，将人群快速运送到更深处的人防工程中，确保人员生命安全。而地下交通和地下公用设

▶ 芬兰赫尔辛基地下游泳馆

▶ 芬兰赫尔辛基岩石教堂

施系统可满足战时疏散、运输、救援的需要，地下能源、水资源、食物储存库为避难人群提供了充足的应急物资供应。

再如，当城市遭遇特大暴雨这样极端天气时，深隧工程会发挥作用，巨型竖井自动开启，洪水快速涌入地下 50 米以下的深隧，再不会发生城市雨季看海的“盛景”。

地下人居空间更加人性化

由于挖掘技术、支护[①]技术的突破，地下空间垂直跨度超过 50 米，视野更加开阔。与此同时，人造太阳、远程天窗技术保留光合作用需要的波长，满足地下植物生长需要，同时通过光线调节，还可实现温控、微气候调节和昼夜控制；空气智能重生技术将在地下空间得到广泛应用，地下空气的各组分含量达到动态平衡。人们身处地下空间将不再有阴暗、封闭、恐惧的生理和心理健康问题。因此，医院、疗养院、音乐厅、图书馆、游泳馆将大量建设于深层地下空间。

地下空间立体化、透明化、智慧化

立体化指地下空间由浅到深，不同深度根据需要，都开发各种功能设施。

地下空间应以区域整体性开发为主，呈现深层化、大规模化。也就是说，区域地块宜统一开发，形成地上地下

---

① 支护是为保证地下结构施工及基坑周边环境的安全，对侧壁及周边环境采用的支挡、加固与保护措施。

一体化、多功能系统集成化的开发模式。涉及的地下市政设施、地下交通、地下综合体、地下仓储等地下空间设施要按其功能要求分层有序开发。这样才能使深层地下空间设施如大型储存设施（石油库、食品库）、大型城市基础设施（垃圾处理厂、污水处理厂、发电站等）、特殊设施（数据中心、战略基础设施）得到最大限度的开发利用。

▶ 地上地下空间数据获取及三维重构

▶ 城市地下管网三维仿真模型

透明化指利用地质探测的手段获取三维空间数据，把地下空间包含的内容，如地质结构、地层信息、地下空间设施等，像地面三维城市图形一样展现。

随着地下空间精细化探测和地质大数据分析技术不断取得重大突破，地下1000米深度范围内的已有地下空间设施的三维空间结构，以及工程建设层、主要含水层、地热储层的地质结构和地质参数也将得到更加精准的探测，帮助我们建立不同空间尺度的三维地质模型和数据信息管理平台，使城市地上地下空间透明可见。

智慧化指利用人工智能、5G、视频、物联网、智能传感器等技术手段，让各类地下空间管理运营更加智能，如地下空间信息管理系统、地下智能停车库等。

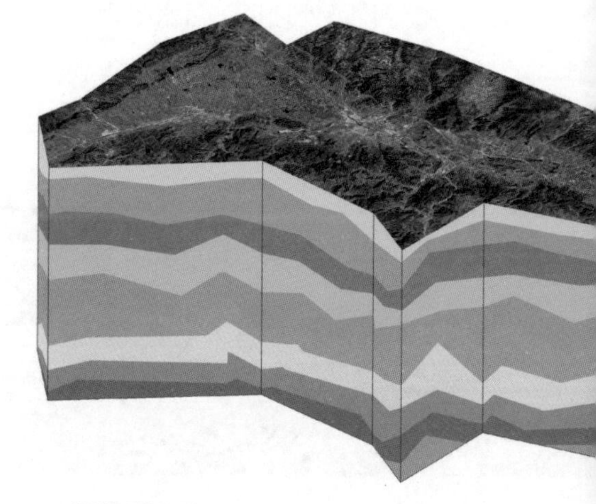
▸ 三维地质结构模型

未来，数字孪生城市[①]将应用于地下空间。人们利用大数据、人工智能、5G、视频、物联网、云计算等前沿科技手段建立新型基础设施，形成泛在感知与智能设施管理平台、城市大数据平台、城市信息模型平台、共性技术赋能与应用支撑平台等核心平台，实现信息查询检索、安全预警、应急预案和处置等地上地下全空间的智慧城市应用，让城市透彻感知、万物互联。

---

① 数字孪生城市（digital twin cities），是将现实世界中的城市数字化，复制到虚拟世界中，两者之间双向映射、动态交互、实时联系。

未来城市地下空间的开发模式

经过数十年的发展，全球范围内基本已经形成了“以‘立体化拓展城市空间’解决问题为主要导向”的城市地下空间开发格局，并逐渐形成了以下几种开发模式：地下交通模式，韧性城市建设模式，城市更新模式，地下绿色环保型模式，全功能、立体化、集约模式。

地下交通模式

随着城市人口和机动车保有量的增多，交通问题已经成了困扰和阻碍城市发展的主要问题之一。单靠增加地面道路和公共交通系统已不能发挥出应有的分流作用了。以地下交通为主导的地下空间开发模式，在近期乃至以后，都是解决这个弊病的有效手段。

香港地铁“轨道 + 物业”开发模式

一直以来，地铁是一种既快捷又安全可靠的集体运输网络。香港于 1979 年开通地铁，统计数据显示，2016 年香港地铁日平均乘客量达 559 万人次，专营公共交通工具市场占有率为 48.4%，地铁站点周边的地下公共空间主要承担通行、商业及停车功能。香港地铁的独特之处在于采用“地铁 + 物业”的发展模式，综合考虑了社会效益、商业利益、融资回报和市民出行的便利和舒适。如香港地铁九龙站。

九龙站是机场路沿线规模最大的车站，连接香港的“心脏地带”和赤鱲角机场，是地铁和其他交通工具的交汇点，同时作为机场在市中心的延伸，它更是一座大型综合核心枢纽。九龙站在站体规划建设期间就已经考虑了上部建筑空间的结构和设备空间，通过上部开发权的招标，协调了多个开发商，共同建设完成了近 168 万平方米、共 22 栋超高层塔楼的超大型综合体。该项目通过集约开发土地、协调各方利益，实现了经济效益和社会效益的双赢。①

九龙站的联合广场的楼群建于地铁站上方地面，形成一个环形区域，所以车站大部分位置均与上方物业相连，实现了一体化。九龙站共设有 8 层：6 层属于车站范围的公共开放部分，交通设施主要布局在此，包括轨道交通、公交总站、到深圳机场的远程巴士站等，同时是高铁的终点站；另有 2 层密闭空间原本用作东部走廊东九龙线预留楼层。

香港九龙站的立体化开发和地下空间的整体建设，与城市发展相结合，在香港这样一个土地紧缺、建筑高度密集的城市，既充分发挥了地下空间在扩大空间容量、综合不同功能方面的积极作用，又实现了城市经济效益。

① 参见薛求理、翟海林 陈贝盈《地铁站上的漂浮城岛：香港九龙站发展案例研究》，《建筑学报》2010 年第 7 期。

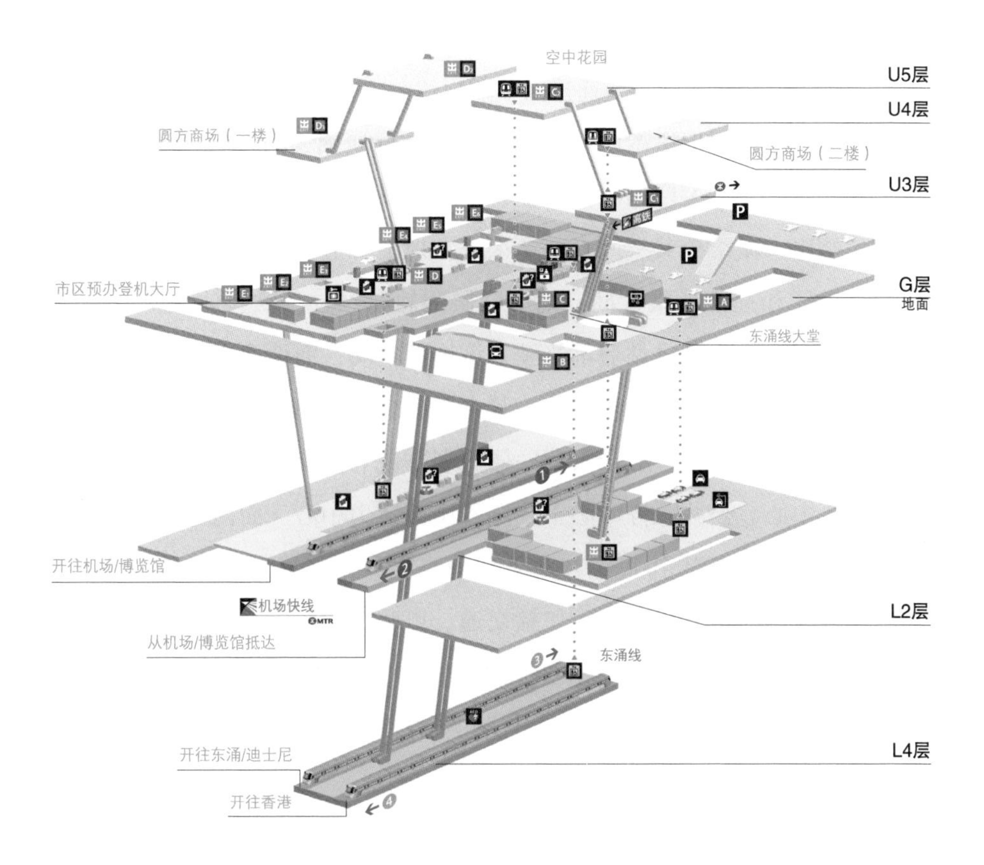

▶ 香港地铁九龙站地下空间分布示意图

北京城市副中心站综合交通枢纽——站城融合新典范

北京城市副中心站综合交通枢纽，西靠北运河河岸，东邻东六环，处于城市副中心“一带一轴”空间结构交汇处，主要功能在于为京唐城际铁路、城际联络线、多条轨道交通提供服务。三条铁路、三条地铁线和一条市郊铁路将在这里实现换乘，距离最近的两条线路换乘只需 1 分钟。未来这里将成为高效通达的节点枢纽。

该交通枢纽占地 61 公顷，地下总建筑面积约为 128 万平方米，最大埋深约为地下 32.9 米。其中，地下一层为进站层、城市公共空间和商业区域；地下二层为出站层、候车厅和地铁换乘空间；地下三层为轨行区，高铁、地铁、汽车、公交等进站后都将驶入该地下空间；而地面空间则留给城市商业和景观绿化。其主要理念就是站城融合——将交通、商务、综合服务一体规划，成为集交通中心、就业中心、公共服务中心于一体的城市活力中心。面向建设千年城市的宏伟目标，地下部分高度集成了全球最具前瞻性的城市建设科技，包括交通、市政、能源、智慧、防灾、海绵城市等方面，为副中心提供各种基础设施服务和公共保障服务，形成地上地下一体化开发的城市基础框架。

副中心站交通枢纽拥有出入便捷、绿色自然的“阳光厅”地铁系统

“民生共享环”地铁规划线路 35 千米，共设置站点 30 个，其中换乘车站 13 个，平均站距为 1.2 千米。地铁系统将通过选线优化和精细化的地上地下交通流线组织，使地铁出入口与周边用地充分衔接，并结合站点的客流特征选择最优的地铁站台换乘方式，实现无缝换乘的规

划理念。

最具特色的是，地铁站点将依据其用地和设施条件，采用先进的导光管自然光采集技术，在环线共30个地铁站中设置“巨型阳光厅”3处、“普通阳光厅”7处、“小型日光井”20处，凸显生态、绿色、环保的“民生共享环”地铁特色。即便是在如此庞大的地下城，阳光仍然可以通过采光天窗照到候车厅，候车的乘客在获得更高舒适度的同时，还可以清晰看到列车的到达情况；另外，平面分区、竖面分层、人车分流、安检互认，也将带给乘客一流的换乘体验。

▸ “阳光厅”地铁系统

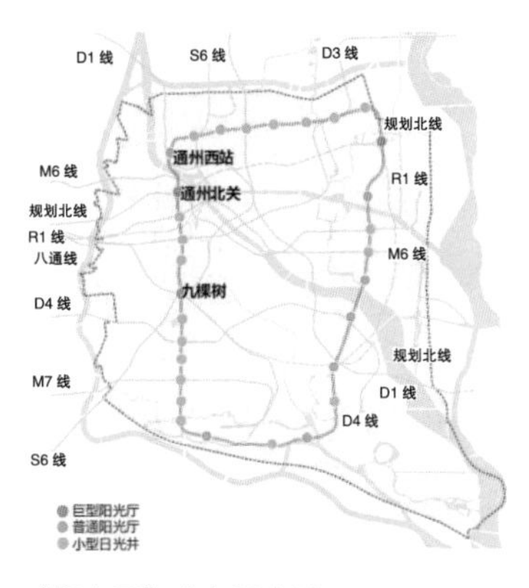

▸ “阳光厅”分布示意图

副中心站交通枢纽拥有智慧综合管廊系统，让“拉链马路”不再出现

地下管线全部并入综合管廊，协同建设。另设置备用舱、车检舱、储备舱，增强保障、提高安全运行能力。综合管

廊建设运营管理智慧化，通过数据、互联网、GIS 及 BIM[①]、传感器、物联网、智能机器人等技术，实现综合管廊智能控制与管理。

▶ 智慧综合管廊机器人巡检系统

副中心站交通枢纽拥有让街道更加清新的自动垃圾收集转运系统

建设“源头分类—气力自动收集—自动轨道转运—资源化处理”一体化的自动垃圾收集转运系统。自动垃圾收集转运站布置于地下轨道环线——“民生共享环”附近，垃圾收集打包后通过“民生共享环”的全地下式轨道运送系统，运送至综合能源中心或垃圾综合处理厂。

---

① BIM 一般指建筑信息模型（building information modeling）是建筑学、工程学及土木工程的新工具。建筑信息模型或建筑资讯模型一词是由 Autodesk 所创的，它以三维数字技术为基础，集成了建筑工程项目各种相关信息的工程数据模型，是对该工程项目相关信息的详尽表达。

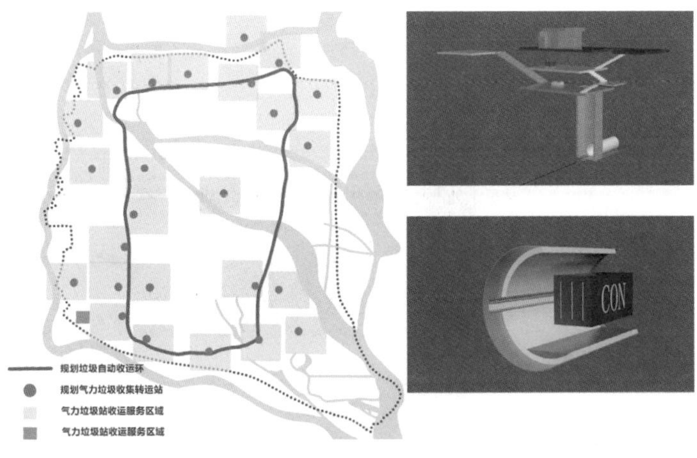

▶ 自动垃圾收集转运系统

副中心站交通枢纽拥有让城市不依赖货车的地下物流系统

依托最新的德国 CargoCap 技术，结合地铁和综合管廊的建设施工，“民生共享环”同步建设地下环状物流通道，并以此为主骨架，结合物流中心和配送站的节点建设，逐步建成“放射 + 环”的地下物流网络，构建覆盖整个副中心的地下物流系统。

一期计划将沿环线和环内连接线建设约 76 千米的地下物流运输管道，管道直径 2.8 米，终端配送可采用传送带或智能货柜模式；系统将极大程度减轻地面货运交通压力，大幅降低货车能耗和尾气排放，显著提高副中心的货物运输效率，并同时降低货运成本。

▸ 地下物流系统

副中心站交通枢纽拥有让城市告别“看海”的多级雨水收集回用系统

结合低影响开发与深层调蓄技术，建设多级雨水回用系统；结合“民生共享环”口袋公园布局，沿“民生共享环”强化地表绿色基础设施与雨水调蓄设施建设。通过源头的控制、中途的浅层调蓄及末端的收集排放，缓解排水管网压力，解决城市内涝问题，实现雨水回收利用。

源头控制 → 中途调蓄 → 末端排放

绿色屋顶、雨水花园、高位花坛、下凹式绿地

地下浅层雨水调蓄系统

深层立体隧道系统

多级雨水收集回用系统

副中心站交通枢纽拥有隐形地下市政设施系统，还给城市更多绿地

通过市政设施建设的高标准化、地下化、复合化，使得市政设施在环境上与周边高度融合，在功能上高度复合。以“民生共享环”及运河为主要控制线，周边区域半径 1000 米范围内市政设施（如污水处理厂、垃圾处理站），采用隐形市政基础设施建设方式全部地下化。

副中心站交通枢纽拥有让市民更有安全感的无障碍应急避难系统

九棵树、潞城、行政办公区、云景里组团集中建设长 11 千米的平战结合人防工程长，结合地上建筑功能，地下设施可提供人员掩蔽工程 33 万平方米，人均 3 平方米，战时可满足约 11 万人的避难需求。

副中心站交通枢纽拥有让天空更蓝的地下能源储备调峰系统

副中心站交通枢纽地下能源储备调峰系统将利用储水

蓄能技术，夜间谷电蓄能，昼间峰电释能，实现能源在时间尺度上的调配。蓄能模块储水断面 60 平方米，合计长为 3.5 千米，可满足张家湾组团区域地铁环线上盖及其周边公共建筑 380 万平方米的调峰需求。该储能调峰系统每年将比常规空调系统节约运行费用 5500 万元，且每年转移高峰电量达 6170 万千瓦时，将成为世界第一的“能源银行”。

此外，副中心站交通枢纽采用中深层地热等绿色可再生能源，配合市电与光伏发电、电制冷与冰蓄冷，实现冬季近零碳排放，构建绿色环保交通。

可以说，北京城市副中心站综合交通枢纽的设计理念非常先进，建成后将成为站城融合的新典范，为我国今后地下空间的建设提供非常有价值的参考。

▸ 北京城市副中心站综合交通枢纽——站城融合新典范

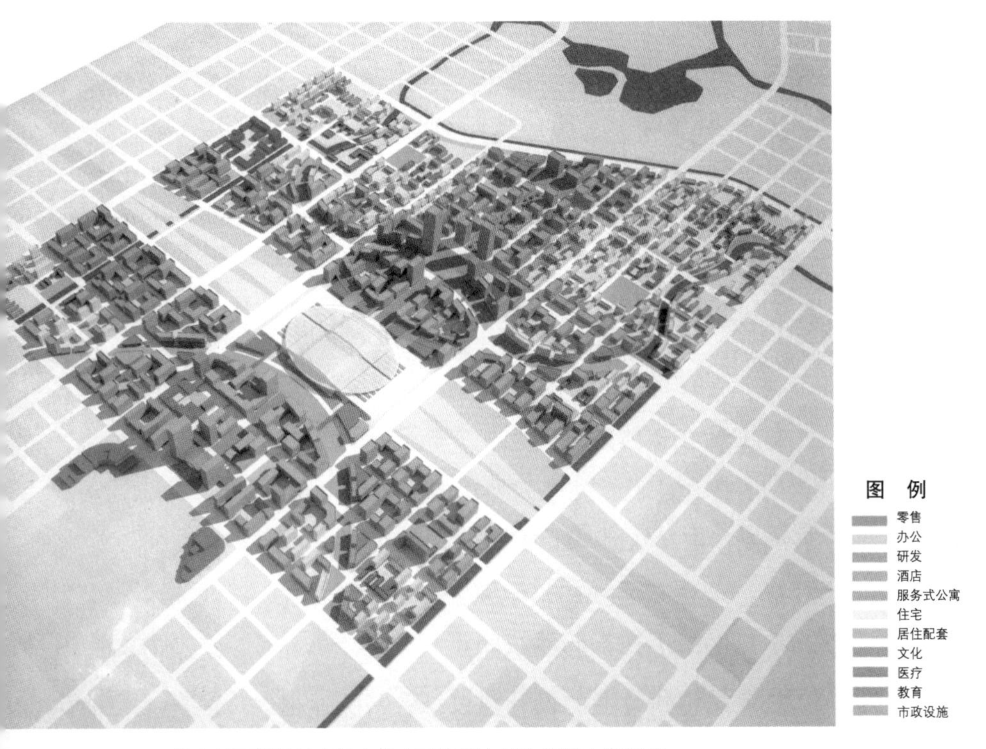

▶ 雄安站两侧的城市门户核心区建筑内部功能混合示意图

雄安站——站城一体的雄安新区门户

除了北京城市副中心站综合交通枢纽，雄安站的建设也是以地下交通为主导模式的。

雄安站距北京、天津各 100 多千米，距雄安新区起步区约 20 千米，是对接京津、辐射全国的重大交通枢纽。雄安站综合交通枢纽包括 3 条高速铁路、2 条城市轨道线。2020 年 12 月 27 日，C2702 次复兴号列车从雄安站出发驶向北京，标志着京雄城际铁路雄安站正式投入使用。

雄安站中央轴地下空间开发策略结合了TOD模式[①]，通过地面、地下、地上之间的联络，打造垂直复合开发模式下的城市立体交通系统，结合地下商业空间、地下人行网络与智慧市政综合管廊打造复合多样、活力高效的立体空间。

雄安站涵盖南北长约600米的整个街区，接驳高速铁路、城际铁路、城市轨道、公交等多种交通设施。站房建筑主体为5层（地上为3层，地下为2层），总建筑面积为47.52万平方米。

雄安站在整体规划理念上，充分体现了站城空间一体化建设、站房内外功能一体化布局，是我国高铁枢纽站城一体建设的典范之作。

站城一体——建设站城融合的城市门户，是雄安站的一大特色概念

雄安站枢纽片区的设计建设结合与交通枢纽联系的紧密程度，综合考虑雄安新区产业发展特征与产业发展意向，遵循TOD理念，按照由内向外“圈层化”来布局功能板块，围绕雄安站打造一体化核心区。同时强调各个片区内功能多元化以及地块的多维混合开发，保证片区的活力和投资吸引力，在空间格局上支撑未来重要产业功能的落位与发展。

① TOD模式，即以公共交通为导向的开发（transit-oriented development）模式，是在规划一个居民区或者商业区时，使公共交通的使用最大化的一种非汽车化的规划设计方式。

同时，转变火车站地区以交通转换为主的传统印象，通过空间构建、功能配置、景观营造等方法打造最具雄安新区门户特质的标志性建筑群，彰显雄安站枢纽地区的门户形象特征。

▶ 站城融合的雄安站鸟瞰图

利用高铁站房东西两侧的步行优先区域，构建枢纽“大前厅”。将站房内的部分功能向城市片区延伸，布局高品质办公空间，配备城市文化、休闲、娱乐等功能，提供全方位、多时段的综合服务功能，以服务京津冀高端产业，吸引产业人群聚集。

以人为本——组织便捷高效的交通系统，是雄安站的另一大特色概念

雄安站以步行尺度定义枢纽一体化片区开敞空间。注重步行空间尺度，各种交通设施换乘紧密衔接，最大限度地减少出行人员步行距离，构建“公交 + 步（慢）行”的出行方式。枢纽东西两侧以人的活动需求为前提，将站前集散广场与城市带状公园相结合，把单一交通集散空间转变为人能够停留、愿意停留、有活力、有温度的场所空间。地面、地下、地上三个维度均与雄安站、四角商业、周边地块取得广泛联系。城市带状公园南北段在主次干路下方设置地下过街通道，保障公园慢行流线连贯顺畅，并与周边地块具有便捷的出入衔接，整体打造“可漫步”的园 - 站 - 城相融合的立体慢行网络。

以绿色出行为总体目标，构建“公共交通 + 慢行交通”优先的绿色交通体系。通过地铁、公交、高铁接驳专线等多种形式，为高铁客流及市民出行提供便捷可达的公共交通服务。片区干路公交专用道覆盖率达 100%，道路慢行路权比重达到 30% ~ 40%，从空间上保证绿色出行优先权，为公交、慢行创造舒适、安全、便捷的通行环境。

高铁枢纽采用立体交通组织方式，形成人车分流、快慢分离、高效有序的站区交通。高铁站以“南进南出，北进北出”的进出组织为主，远距离车流通过快速连接线进出南侧接驳场，近距离车流通过片区干道进出北侧接驳场。

立体城市——构建多维复合的城市空间，是雄安站的最终目的

雄安站枢纽片区高效利用地上地下空间，结合地下轨道交通建设，鼓励地下轨道设施与周边地下停车场所、地下公共服务场所、地下商业服务场所等空间互联互通。系统构建地下一层、地面层和地上二层的步行连接，打造立体的城市公共空间。三维拓展城市空间容量，形成立体连通的城市空间系统。

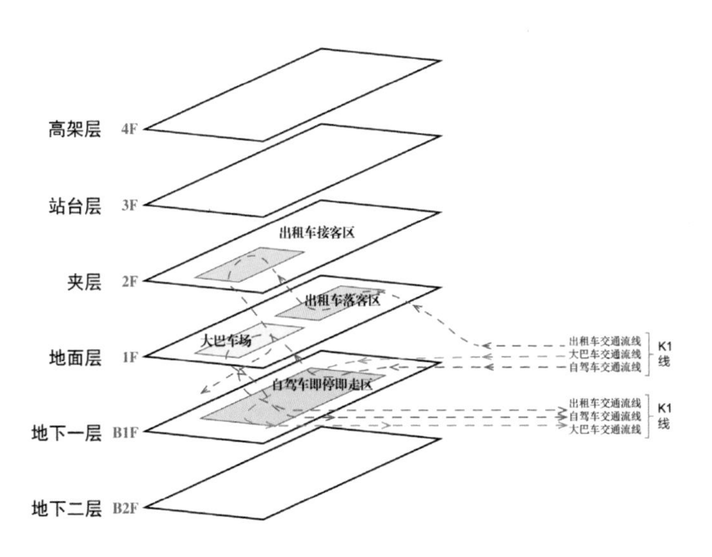

▶ 雄安站的立体交通组织方式

围绕高铁站，结合慢行交通体系，以线串点，利用地下空间开发以及人流交互特征，形成多层次、多类型的绿地系统布局。沿城市核心功能轴交替布置城市化和自然化的景观节点，在和谐统一的基础上创造灵动多变的景观。

韧性城市建设模式

韧性城市指城市能够凭自身的能力抵御灾害或减轻灾害损失，并合理地调配资源以从灾害中快速恢复过来，保持城市功能正常运行，并通过适应来更好地应对未来的灾害风险。

芝加哥深隧工程[①]

美国芝加哥位于湿润性大陆季风气候区，年平均降水量约为 965 毫米，主要集中在夏季。由于雨季内涝频繁发生，初雨和溢流污染严重，对其饮用水源地——密歇根湖造成严重污染。原有的截污管线截留倍数低，大暴雨时仍有污水进入河道，溢流污染发生的频率大约为每年 100 次。

为了应对内涝灾害，芝加哥投资建设了一套长 176 千米、直径 2.5 ~ 10 米、埋深地下 45 ~ 106 米的深隧系统，旨在减少因污水溢流对水体造成的污染，同时为雨洪提供出水口以减少城市内涝。

---

① 参见刘家宏、夏霖、王浩等《城市深隧排水系统典型案例分析》，《科学通报》2017 年第 27 期。

芝加哥深隧工程设置竖井264口，直径1.2～7.6米；排水泵站3座，最大的泵站每天流量为3.78×10^7立方米，提升扬程107米；地面连接设施超过600个。通过竖井及深隧的收集，减少溢流点405处。收集的雨水通过3座调蓄水库被输送到一个每天处理量为4.50×10^7吨的超大规模污水处理厂。处理达标后的雨水最终排入自然河流。工程实施后，有效减轻了芝加哥的城市内涝和水体污染，对保护密歇根湖发挥了重要作用。美国芝加哥市是世界上采用地下深隧技术最早、最成功的城市，芝加哥的成功经验也在美国的其他城市得到推广和应用。

芝加哥斯替克尼污水处理厂

伦敦深隧工程[1]

伦敦跨泰晤士河下游两岸，属温带海洋性气候，年平均降水量约为594毫米，人口密度约为5285人每平方千米。

---

① 参见刘家宏、夏霖、王浩等《城市深隧排水系统典型案例分析》，《科学通报》2017年第27期。

伦敦的下水道系统始建于 100 多年前，但由于城市人口和面积的增加，原有的排水系统已不足以支持城市发展需要，甚至导致泰晤士河污染问题严重，溢流频发。

2007 年伦敦政府确定了伦敦泰晤士深层隧道工程方案，该工程投资 36 亿英镑，于 2023 年建成。该深层隧道长为 22 千米，两端高度差为 20 米，隧道直径为 7.22 米，调蓄容量为 8.5×10^6 立方千米，隧道埋深地下 35 ~ 75 米。工程建成后泰晤士河的溢流次数将由每年 60 次减少到 4 次，大幅提高污水收集能力，有效减少合流制溢流带来的污染，有效地改善泰晤士河水体环境。

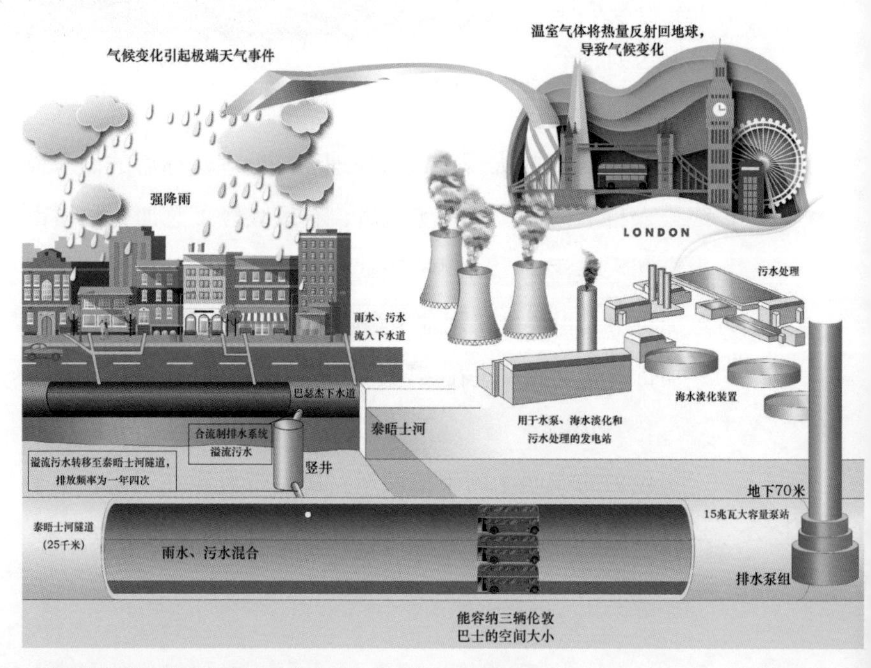

▶ 泰晤士河的深隧系统设计示意图

北京深隧工程[1]

北京市气候为典型的北温带半湿润大陆性季风气候，全年降水基本集中在夏季6~8月，7月、8月多有大雨。随着北京市城市化发展和局地降水特征演变，北京城市内涝问题日趋严峻。

为应对城市内涝问题，北京市采用地下空间滞蓄雨洪。在积水点多发且对城市安全运行要求较高的地区建设地下滞蓄水涵，在城区下凹式立交桥区建设地下调蓄池。北京市计划在中心城清河、坝河、通惠河、凉水河各流域建设主要雨水调蓄工程共272处，规划调蓄规模约为2.3×10^8立方米。为减轻超标准降雨给城区“东排”增加的排涝压力，根据中心城河流水系特点及近年积水分布情况，提出在城市西部建设以分流消峰为主的排水廊道（西部深隧）、在城市东部建设以蓄滞为主的调蓄廊道（东部深隧）。

北京西部深隧系统解决的是城市南部凉水河水系内涝问题，其作用为消减洪峰、降低河道水位，具体解决北京西客站暗涵过流能力小的“瓶颈卡口”问题、丰草河流域建成区面积增大导致的入河流量增加问题，以及莲花池、玉泉营等立交桥积水问题。

北京东部深隧系统解决的是清河、坝河、通惠河、凉水河4大排水体系东部的内涝问题，能够有效增加雨洪滞

---

① 参见刘家宏、夏霖、王浩等《城市深隧排水系统典型案例分析》，《科学通报》2017年第27期。

蓄、控制下泄量和加强流域间的联合调蓄，具体针对的是局地暴雨和降雨在南北流域分布不均问题、十里河等立交桥积水问题，以及由于中心城排涝标准提高至50年一遇使沿途流量增加，导致的温榆河和北运河出口流量限制问题。

总的来说，北京市中心城的防洪排涝工程呈现为“两纵四横、一环双网、多点两廊”的总体格局，其中“两廊”指的就是上述两条埋深于地下30～50米的排水隧道。

城市更新模式

在城市资源环境趋紧约束下，城市更新是盘活存量用地、实现内涵增长的重要方式。利用城市基础设施建设、更新、改造的契机，大力开发利用城市地下空间资源，不断完善城市基础设施功能，以存量用地的更新利用来满足城市未来发展的空间需求，促进空间利用向集约紧凑、功能复合、低碳高效转变，使之满足城市高质量可持续发展的需要，这是城市更新背景下城市地下空间开发的基本模式。此方面，北京、深圳等国际化大都市的开发理念和模式值得借鉴。

城市更新视域下深圳华强北城市地下空间的利用

随着经济发展方式转变、人口红利结束、土地存在的城市更新和功能转型的要求，2004年起，深圳提出更多的“城市再生”方案，出台《深圳市旧城改造与城中村整改管理条例》，推动城市更新与整体提升，这为城市地下空间的发展提供了机遇。深圳地铁网络已发展完整，以深圳地铁站点为重点的站城一体化开发成为重要的改造途径。在地铁枢纽周边的城市更新过程中，开发地下空间不仅是解决空间紧张的有效方式，还能打破地上地下界限，构建多层空间，促进功能转型与提质。特别是华强北、东湖等区域，地下空间已渐趋完善，有望给日益紧张的地上空间带来足够的增量。

深圳华强北地区改造

华强北地区作为“城市再生”特别地区之一，是一次较大的转型。由于地上建成度较高，已近饱和的空间资源利用状态，在市场需求不断增长的情况下，开发较为浅层次的地下空间资源无疑成为解决片区未来增容发展的拓展空间。

人车抢道、大巴列车化等，是原来的华强北留给人们的重要印象之一，其主要问题是人流、物流、车流在同一层面的交汇冲突。通过地下空间的开发改造，为人流、物流提供更便捷的新路径，缓解交通流冲突和矛盾。

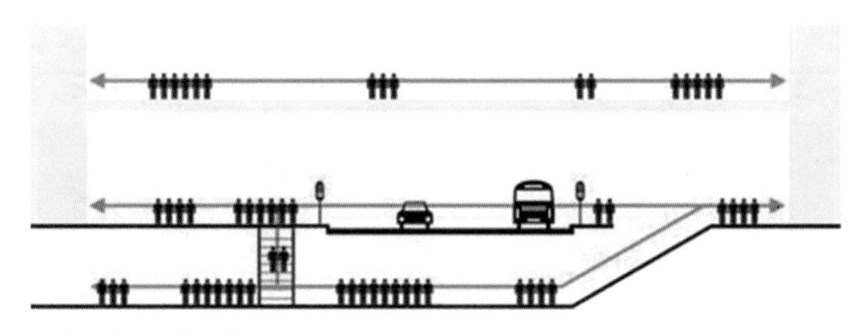

▶ 分解地面拥挤人流

资料来源：清华同衡“华强北片区地下空间资源开发利用规划研究”项目。

通过地下空间的开发利用，将地下街道作为公共空间延伸，复制城市地面的环境，加大了地下街与城市之间的紧密性。加入展览、城市文化宣传、城市艺术等功能，使地下街区在设计方面产生改变，整合周边地上地下的城市空间，与城市公共活动重叠，让地下空间环境拥有接近城市地上环境的多样性变化。提升了整个片区的公共空间规模和品质。通过地下空间开发，完善片区的文化艺术等功能，提升华强北品质，促使其由“活力”华强北向“魅力”华强北转变。

深圳地铁 2 号线、3 号线和 7 号线的开通，为华强北片区地下空间的开发带来新的发展契机。公共轨道交通发展，使得地下空间的商业设施、商务中心等可以充分利用

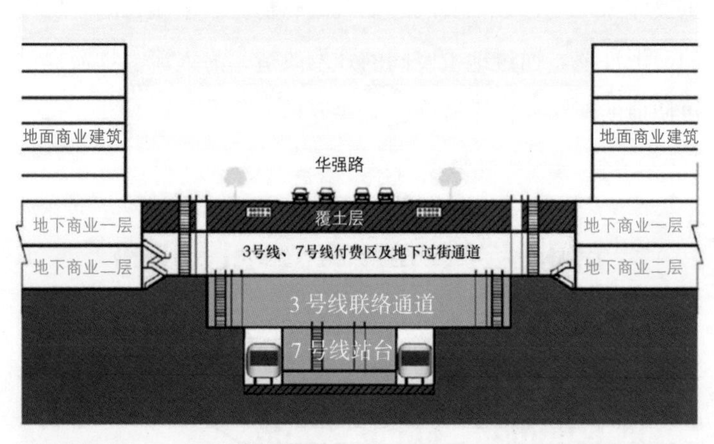

▶ 连通地铁站点，方便快速换乘

资料来源：清华同衡“华强北片区地下空间资源开发利用规划研究”项目。

客流资源，实现更高的经济效益。而便捷的交通连接，为新的地下空间带来更多可能性。轨道交通枢纽的形成，推动了围绕地铁站点的综合体开发。充分利用轨道交通优势，实现了地铁站城一体化。

从深圳华强北城市更新的实际经验可以看到，城市更新并不是全面铺开的，而是侧重在轨道站域等人流及功能密集、改造需求迫切、发展动力强的重点区域。在这些重点区域，通过有效开发利用轨道站域及周边地下空间资源、促进城市空间的立体发展和多层连通、引入新型功能业态、提升城市空间防灾韧性，将为地区带来新的发展活力和人气。

与此同时，随着城市存量地下空间规模的不断增大，通过数字化赋能提升地下空间管理效能、改善地下空间环境可视度和空间引导性，不仅能促进地下空间存量资源的提质增效，同时也为地下空间引入新的城市功能业态奠定基础。

随着国内其他城市逐渐步入城市更新发展时期，合理借鉴深圳华强北城市更新经验，从轨道站域等重点区域入手提高城市空间综合效益、释放地下空间资源红利将具有重要参考意义。

北京北新桥地铁站改造带动城市更新实践

2013 年，为提升地铁机场线服务水平，北京市政府决定西延地铁机场线至北新桥，与既有地铁 5 号线实现在北新桥站换乘。原工程设计方案将站台选址于东直门内大街地下，车站及附属设施占用西南街头公园，约3000平方米的小公园容纳了7个车站附属设施，街头公园所剩无几；车站内部空间局促，进出站流线曲折不便，仅设置垂直电梯疏散人流，公共区域人均面积不足1.5平方米，虽满足规范最低要求，但不符合机场线客流集中、携带大件行李的特征需求，存在安全隐患。

为了解决车站建设空间局促的问题，规划方系统梳理车站周边地上、地下空间资源，将西北象限原临时停车场腾退为轨道设施用地，车站可建设范围由原来的0.03公顷扩大至0.28公顷，从而将原设置于道路下以及占用公园的部分附属设施调整至西北象限，为扩大地下站厅、保留公园绿地提供条件；摸清地下管线铺设情况，为站厅层的建设增加15米净高空间，通过设置集中站厅层、缩短流线、增设扶梯等一系列措施，极大地改善了乘车便利性和舒适度。

上海市城市更新背景下的地下空间开发利用策略

《上海市地下空间专项规划（2017—2035年）》提出，未来将地下空间开发利用的重点由中心城区扩展至主城片区、新城和新市镇中心区，中心城内重点关注已建成地下空间的再开发，提高地铁车站周边通道的连通性和覆盖范围，完善区域步行网络。地下空间发展，重点聚焦城市更新和精细化管理，逐步完善以主城、新城为核心，以轨道交通换乘枢纽、公共活动中心等区域为重点的地下空间总体布局，促进地下空间资源化、系统化、复合化、生态化、韧性化、智慧化的高质量综合利用，到 2035 年全市地下空间开发利用达到国际先进水平。

上海对未来城市更新的规划，主要有以下三方面。

一是城市更新地区地下空间的再开发。

根据上海市城市更新的不同特点，地下空间开发利用相应地可分为 3 种类型：片区更新地区地下空间利用、局部更新地区地下空间利用、既有建筑地下空间改扩建。

片区更新地区开发规模较大，规划定位和建设标准较高，有条件的情况下有必要对地下空间进行统一规划，研究构建区域地下空间功能系统，鼓励采用多地块地下空间整体开发模式，提高地下空间功能效率和环境品质。未来，上海重点推动的成片转型更新地区主要包括吴泾、南大、吴淞、桃浦、高桥 5 大工业用地地区和黄浦江、苏州河两岸地区。

局部更新地区地下空间大多功能单一、分散独立，缺乏连通和系统整合。以地铁车站新建和地块更新开发为契机，通过地铁建设带动区域更新以及地下空间综合开发，积极促进轨道交通站点开发、站点地区地块地下空间综合开发、区域地下空间一体化开发，同时考虑已建地铁车站及地下空间的更新改造，重点强化在换乘枢纽地区、商业商务核心区实现地下空间网络化连通。

城市中心早期建设的建筑物，如外滩地区、南京路、淮海路、衡复地区等老城核心区和老旧居住小区，普遍缺少地下空间开发。但现在对停车或者空间扩容的需求较强，地下建筑改扩建涉及既有建筑保护和周边建筑保护，对工程技术的要求比较高，通常利用暗挖新技术或结合建筑更新改造，增建地下停车库、地下连通道及其他地下功能空间，如南京西路张园地区规划结合历史建筑保护和新建地铁 2 号线、12 号线、13 号线地下换乘通道。

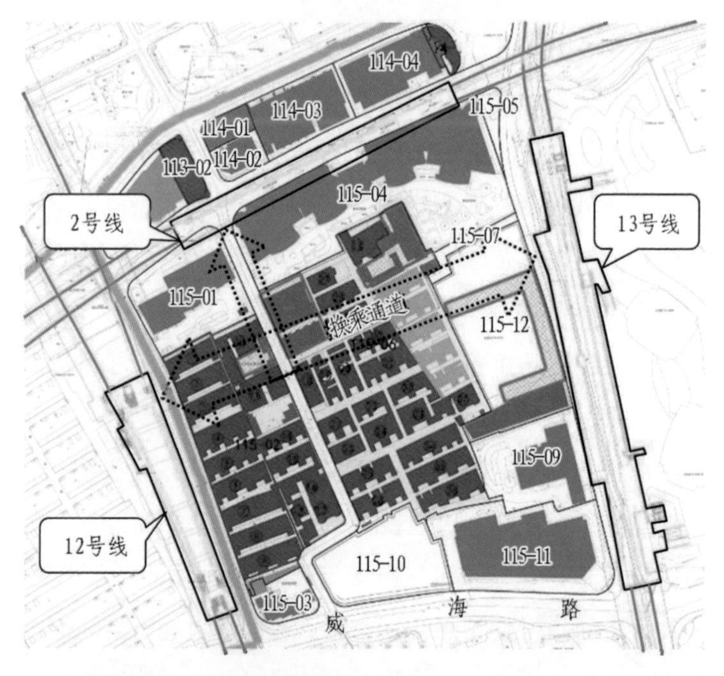

南京西路张园地区地下换乘通道

二是地下交通基础设施的持续升级。

根据“上海 2035”规划，未来上海轨道交通规划构建城际线、市区线、局域线 3 个层次的网络，总里程超过 3000 千米。新增规划轨道快线服务重点功能区深入中心城内部，通过枢纽转换和跨站运行，实现重要交通枢纽与市中心之间 30～45 分钟互通可达。未来还需开展中心城区线网加密优化工作，研究新增地下轨道交通快线的可行性，加强既有轨道交通线路站点提升改造工作；重点加强机场联络线等市域轨道交通主要站点地区的地下空间综合开发规划研究，结合站点地区更新，加强既有车站周边地下人行通道系统拓展。

针对未来上海路网交通压力仍然很大的特点，在进一步完善主干路网的同时，加强次支道路建设，打通断头路，提高局部路网的连通性。按照重点疏通东西、连通南北的思路，规划新增东西通道，分流延安路高架；新增 2 条南北向通道，分流南北高架。通过节点下立交改造，提升部分主次干路通行能力。

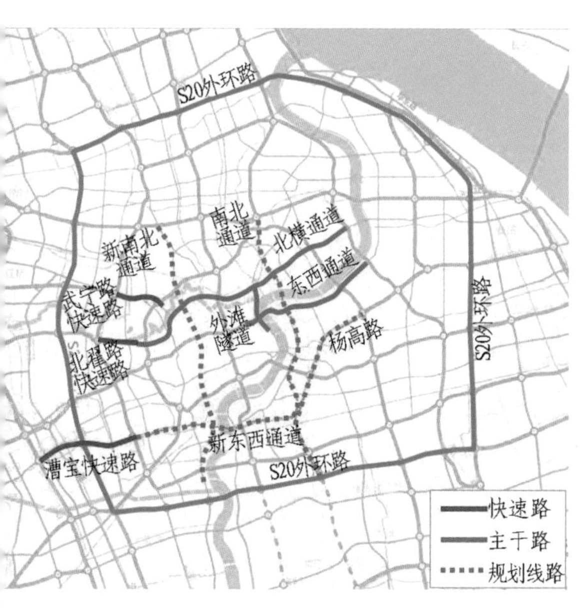

上海系统性地下道路规划

三是市政基础设施的地下化。

主城区、新城中心区的各类市政场站，在技术可行的情况下宜采用地下形式设置；在重点地区内的已有市政场站，宜结合老旧站点改造逐步地下化；主城区、新城中心地区的架空线，应逐步地下化。

未来结合副中心、新城中心区建设和老城区更新，进一步促进市政设施地下化建设，有序推动高压架空线、普通架空线地下工程，新建市政管线和场站设施优先采用地下形式建设，对环境影响较大的既有市政场站设施开展地下化研究工作，开展中心城区地下垃圾处理设施和地下垃圾运送系统研究，鼓励地下市政设施与公园绿地、地面建筑复合化建设。开展市政设施地下化建设机制创新研究，探索将市政设施地下化与土地资源再开发相结合的方案，推动解决市政设施地下化投资渠道单一、协调难度大的问题。

地下绿色环保型模式

地下空间绿色环保化

地下空间绿色环保化，体现在空间环境的绿色化和建造运维的绿色化两个方面。

一是空间环境的绿色化。

未来我国城市地下空间开发利用将更多考虑地下空间的环境特点、地下空间环境对人类生理层面和心理层面的影响，采用适合地下建筑的生态技术策略，包括为创造良好空气环境的通风换气技术、为创造良好光环境的自然光引入技术、为创造良好声环境的降噪技术、为创造良好视觉环境的绿化技术，致力于创造高质量的室内环境，让使用者舒适地在其内部从事各种活动。

二是建造运维的绿色化。

地下空间设计融入低碳节能思想，通过绿色种植吸收二氧化碳、节水节电、地热能开发、废气能量回收、人员步行引导、减少垃圾排放等措施，有效地实现地下空间的绿色化与生态化设计；在地下空间建造过程中，趋向于采用经济环保的绿色建筑材料和绿色施工技术，包括透水混凝土、高强度钢筋和多功能一体化墙体材料等绿色建筑材料以及封闭降水与水收集综合利用等绿色施工技术；建成后地下空间在温度、湿度、空气和光照等环境控制方面做到低碳环保，包括浅层低温能利用、节约型水环境利用、复合通风节能、阳光采集导入和环境友好型降噪等环境控制技术。

例如，世博轴地下综合体是由地面高架平台和2层地下空间组成的立体交通建筑，位于浦东世博园核心区的主轴线上，长约1000米，宽约100米，占地面积约13万平方米，总建筑面积约24.8万平方米。上海世博园的世博轴将灯光设计和节能设计相结合，实现低碳化的地下空间，通过阳光谷及中庭洞口、斜向绿坡、灰空间敞廊等设计方法，使室内空间具有水平和竖向开敞的特点，充分利用自然通风，改善室内空气品质，从而节约能源，实现生态化设计的理念。此外，世博轴采用直接式江水源与地源热泵系统集成应用节能技术，直接式江水源热泵系统和桩基埋管地源热泵系统，实现了地下空间环境的低碳化设计。利用水源热泵、地源热泵系统，世博轴每年可节省用电量562.9万千瓦时[①]。

日本东京大深度地下空间的自然光线通过光导纤维将太阳光集聚并全反射导入地下，进行远距离传输，随着时间的变化其照度相应变化，同时与人工照明进行充分协调，

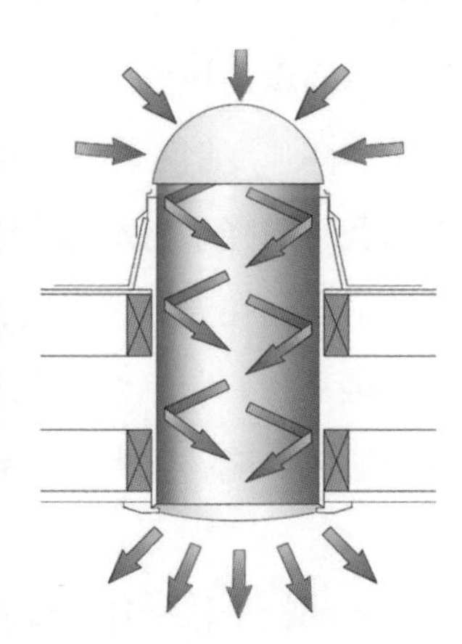

▶ 地下空间光导设计原理

达到节能绿色照明的目的。将阳光导入地下后，最大的好处在于节能、有利于人体健康、促进地下植物正常生长和保证工作正常开展。

废弃矿井的改造

许多大城市在工业化进程中，因采掘资源遗留的地下

① 参见万汉斌《城市高密度地区地下空间开发策略研究》，博士学位论文，天津大学，2013，第168页。

空间场所，后期通过更新改造、生态修复，营造良好的地下光照环境和地下空气环境，突出人居体验，构造环境友好型宜居地下空间，使废弃空间焕发新的生机活力。对于既有的地下空间，合理结合其自身特点，在绿色环保理念下变废为宝，是未来发展的重要趋势。

以废弃矿井资源为例，我国废弃矿井资源十分丰富，据不完全统计，到 2030 年废弃矿井将达到 1.5 万处，这些废弃矿井其实有很大的潜在开发价值。

在欧洲，废弃矿井通过改造后，被建设成为抽水蓄能电站、体育馆、博物馆、科学试验室等地下空间设施，不仅节省了新开发地下空间的费用，节约了土地资源，而且带来潜在的经济效益和社会效益。

德国鲁尔矿区曾是欧洲最大的工业区，为“二战”后联邦德国的“经济奇迹”作出了巨大贡献。20世纪60年代，鲁尔区爆发了严重的能源危机，重工业经济结构日益暴露弊端，煤矿关闭，冶炼厂停产，大量工人失业。该矿区虽然曾经为当地带来了前所未有的繁荣，但是却造成了严重的空气污染和环境污染，当地大量居民甚至出现眼睛发涩、喉咙疼痛、肺部疾病、癌症等。针对此次严重的逆工业化，德国科研人员并没有采取彻底毁灭、重新建设的处理模式，反而系统地制定了自称“工业文化之路”的区域性旅游规划。例如，针对工业区典型的埃森煤矿，当地州政府买下全部工矿设备，保留了占地广阔的厂房使煤矿工业区的结构完整地保留下来，将原来的煤矿工厂变身为煤矿博物馆、

▶ 德国鲁尔矿区地下博物馆

展览馆、工业设计园等。2001 年埃森煤矿被联合国教科文组织列为世界文化遗产之一。

萨利纳 · 图尔达盐矿博物馆坐落于罗马尼亚的图尔达市郊，这里曾经是一个巨大的盐矿。据记载从 11 世纪初期，这里就开始出产食用盐，直到 1932 年关闭。后来，这里被改造成博物馆。该馆藏于地下 120 米的深处，清冷的灯光照着幽深的甬道，似乎要将人们带进一个奇幻的外星世界。

萨利纳·图尔达盐矿博物馆有非常复杂的坑道系统，坑道的石壁上是盐层经过漫长的岁月留下的纹理。博物馆有 3 个展区，到处是奇形怪状的建筑以及经修复的采矿设备，在迷幻璀璨的灯光照射下，显得壮丽且神秘。这里还建有运动场、竞技场、迷你高尔夫球场、保龄球场、摩天轮等游乐设施，供游客休闲娱乐。盐矿坑底是一个深达 8 米的地底湖，湖上有桥，人们甚至还可以在湖面泛舟。

▶ 罗马尼亚盐矿博物馆入口处

▶ 罗马尼亚盐矿博物馆地下湖

波兰的维利奇卡盐矿是欧洲最古老的盐矿之一，1950年，盐矿的一部分作为博物馆对外开放。博物馆建设过程中，充分利用了原盐矿开采后保留下来的坑道、设施和空腔等，建成后主要用于历史活动展示与参观、会议及庆典、盐雕和工艺品等艺术展览，是游乐、健身、锻炼场所。该博物馆于 1987 年被列入世界文化遗产目录，经多年系统开发后，现已成为一座名副其实的地下城市。

德国的上哈茨区计划利用废弃的金属矿井巷道建一座全地下抽水蓄能电站，该金矿巷道最深达地下 761 米，直径为 3.5 米，不同巷道之间通过连通区连接，水库库容约为 24 万立方米，水头为 700 米，预计功率可达到 100 兆瓦。

上海世茂深坑洲际酒店位于上海松江国家风景区佘山脚下的天马山深坑内，海拔 -88 米。酒店原址为小横山采石场，最早是一座海拔近 20 米高的山体。后来，随着城镇建设和经济发展的需要，石材需求量与日俱增，开挖面积不断扩大，终形成了 80 多米的深坑。

2013 年 3 月，世茂集团利用深坑的自然环境，在这里极富想象力地建造了一座五星级酒店。酒店主体建筑一反向天空发展的传统建筑理念，依附深坑崖壁，下探地表 88 米开拓建筑空间，与深坑融为一体，相得益彰，是世界首个建造在废石坑内的自然生态酒店。酒店总建筑面积为 61087 平方米，酒店建筑格局为地平面上 2 层、地平面下 15 层（其中水面以下 2 层），共拥有 336 间客房（包括套房）。所有的客房均设有观景露台，可欣赏峭壁瀑布。酒店设有攀岩、景观餐厅和 850 平方米宴会厅，在地平面以下设有酒吧、SPA、室内游泳池和步行景观栈道等设施以及水下情景套房与水下餐厅。

沉睡了数十年的深坑，最终以全新的风貌展现在世人面前。这是人类地下采掘空间再利用的标杆和典范，也是自然、人文、历史的集大成者，创造了全球人工海拔最低五星级酒店的世界纪录，与迪拜帆船酒店同时入选世界十大建筑奇迹中的两大酒店类奇迹。

▶ 上海世茂深坑洲际酒店

人防工程的改造利用

人防工程的改造利用，也是既有地下空间改造利用的主要方向。

经过几十年发展，我国人防工程已经达到相当大的规模和体量，截至 2016 年底，全国平战结合开发利用的人防工程面积已经超过 1 亿平方米。

利用人防工程与地下停车系统相结合，可以通过连接扩大改造利用成为物资库、掩蔽所，也可以改造成为人民防空标准体系下的地下停车场。

利用人防工程与地下通行系统相结合，通过过街通道可将站厅附近宾馆、车库、办公、零售等场所相连接，发挥较大经济效益和战备效益。

利用人防工程与地下商场或商业街相结合，借助地下商场巨大的人流量和兼顾战时防护的条件，重点而有序地配置人防专业工程。

如 2002 年面积约 2.2 万平方米的上海火车站南广场地下人防工程启用，可停车 561 辆，有效缓解了火车站地区的停车难问题。

全功能、立体化、集约化模式

随着装备制造技术和施工建造技术的进步，地下空间的建造成本将不断降低，地下空间的资源潜力将不断被释放，并向着埋深更大、空间更立体、功能更完备、环境更舒适的方向发展。未来，在城市地上空间趋紧约束的影响下，将有越来越多不同功能的地下空间走进普通市民的日常生活，扩展人居空间、便利生活服务、改善城市环境。未来的城市规划建设也将结合工程施工技术的发展，向着三维立体层面开拓，通过地下、地表、地上空间的分层利用以及不同功能设施的统筹安排，实现城市空间的立体、集约、可持续利用。

欧美国家对地下空间的开发利用起步较早，从英国伦敦世界上第一条地铁开始，地下空间的开发利用经历了由单个地下空间到地下综合体再到地下城的过程。随着轨道交通的发展，欧美国家倡导通过轨道交通与地下商业空间、地下步行空间协同建设，有效提高城市活力。

伦敦金丝雀码头地区

金丝雀码头曾经是伦敦东部重要的港口，随着经济转型，码头区伴随着企业倒闭、环境恶化，而逐渐没落。1980 年起，英国政府启动对金丝雀码头的区域再生计划，由 SOM 公司开展城市规划设计。码头区 28.7 万平方米的用地被分为 26 个地块，其中 3 个地块建设地标性的超高层办公楼，其余为中、高层办公建筑和酒店，规划总建筑面积约为 230 万平方米。伴随着 DLR 轻轨、地铁朱比利线和横木线 3 条轨道交通线路的引入，码头区的交通便捷度大幅提高，逐步成为伦敦重要的国际金融中心。

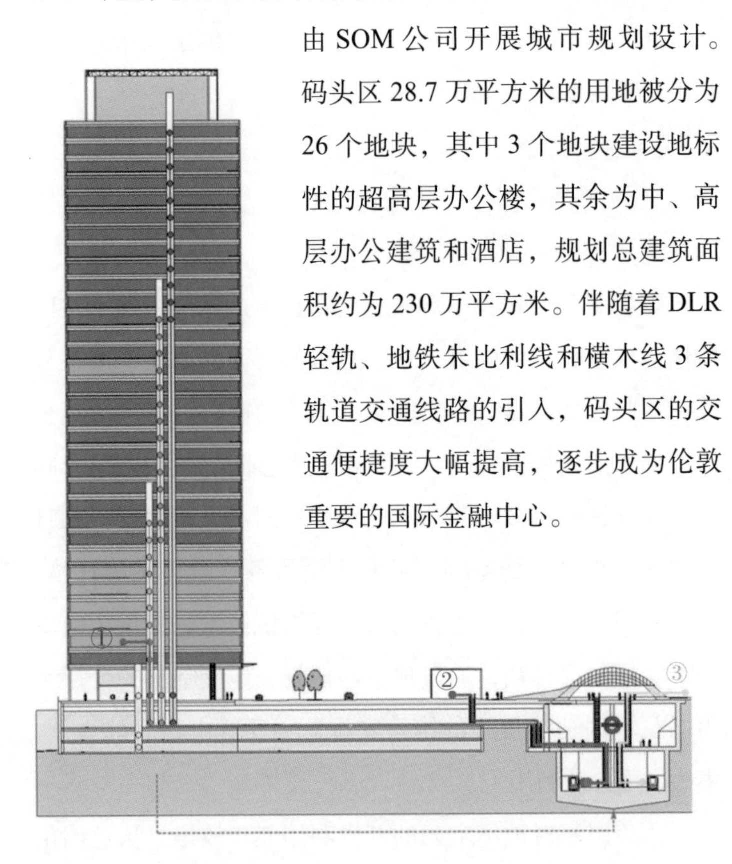

图例

⊷ ① 地铁—地铁站厅—地下商业—地面—办公、居住、酒店

⊷ ② 地铁—地铁站厅—平台层下商业—平台—办公、居住、酒店

⊷ ③ 地铁—地铁站厅—地面—办公、居住、酒店

▶ 金丝雀码头站竖向动线分析示意图

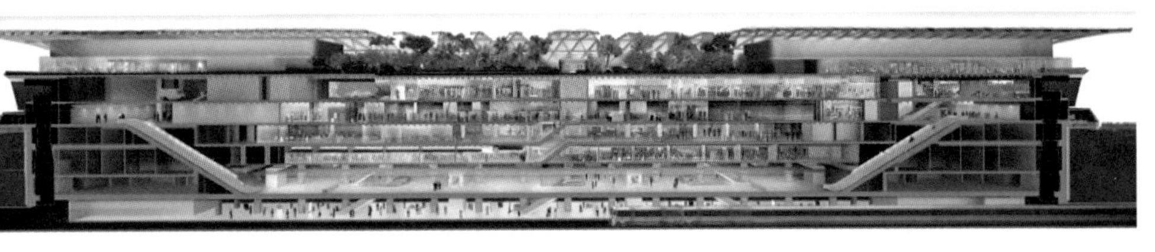

金丝雀码头站剖面图

金丝雀码头采用立体交通组织模式，既在地下空间形成完整的系统，又将地下与地上空间有机结合起来，提高了区域交通条件的整体均好性。DLR 轻轨、朱比利地铁线及横木地铁线的建成使得金丝雀码头到伦敦内城的时间缩短到 8 分钟，并与希斯罗机场和城市机场便捷连接。交通条件改善的同时带动了整个地区的活力，其中人流量最大的金丝雀码头站成为东伦敦重要的交通换乘节点。

金丝雀码头站地下空间为商业、休闲、服务、地铁站和停车场的功能综合体，竖向分层布局，其中地下一至二层以商业、休闲、娱乐功能为主，包括两条主要商业街和地下停车场及辅助空间，是地下空间网络的主体部分；地下三层为地铁站厅；地下四层为地铁站台，主要承担轨道客流的集散与换乘功能。与此同时，地面除地表公共活动空间外，还依托轻轨站厅形成抬升基面，并结合配套服务设施及屋顶公园实现城市公共空间的三维立体化。

金丝雀码头区域围绕卡博特、朱比利公园和伊丽莎白线车站形成了 3 处公共空间节点，并通过设置具有标志性的站厅、室内外空间设计和丰富的服务设施为穿梭其中的人群提供良好的出行与服务体验。

卡博特节点：以轻轨 DLR 站为中心，复合商业办公功能，主要解决城市汽车交通和轻轨的换乘需求，并依靠便捷的步行系统连接商业会议厅和周边服务设施，形成码头区建设初期的主要公共交通换乘地。

朱比利公园节点：以朱比利地铁站为中心，结合城市公园，主要解决地铁与轻轨的换乘需求。朱比利公园节点将轨道交通与商业设施结合设置，在地面空间整合了公园、滨水空间和水景，形成大面积公共绿地，不仅改善了周边整体环境，也为人们提供了更加人性化的场所空间体验。

伊丽莎白线车站：以伊丽莎白地铁站为中心，结合零售购物与屋顶花园，主要解决地铁与火车的换乘需求。伊丽莎白线车站将商业设施、绿色景观空间和轨道交通换乘相结合，形成功能综合的城市交通节点。

金丝雀码头地下空间的出入口独具特色，室外出入口

▶ 金丝雀码头主要公共空间节点分析图

均结合地面公共广场、滨水下沉广场设置，室内出入口均结合交通站点、室内中庭设置。由各具特色的玻璃顶覆盖的地下中庭空间在金丝雀码头地区地下、地上空间的整合中起到至关重要的作用。地下中庭空间不仅通过玻璃顶提供自然采光，同时也使位于地上、地下不同竖向层次的地铁站和轻轨站连为一体，促进地下空间融入区域整体公共空间中。

金丝雀码头地下空间出入口

美国纽约“地下世界”[1]

除了英国，美国也非常注重地下空间的开发。恐怕连纽约人自己都不知道他们脚底下都有些什么，但他们把城

① 参见［美］亚历克斯·马歇尔：《城市的秘密：地下万象》，周洁译，生活·读书·新知三联书店，2008。

市地下空间的大深度、立体化、分层化应用发挥到极致。

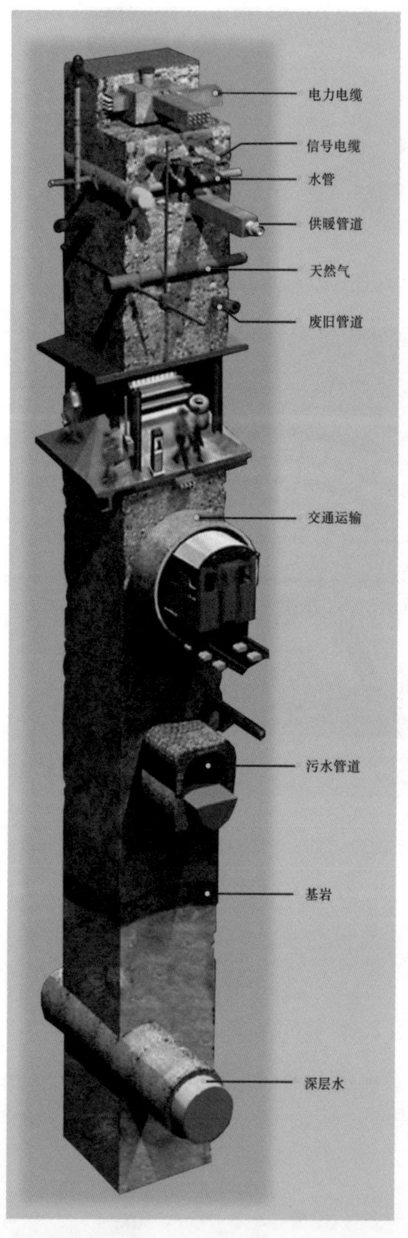

▶ 美国纽约的地下空间立体化、分层化利用

早在1900年以前由托马斯·爱迪生创建的联合爱迪生公司，就在纽约地下9米处埋设近13万千米的电缆，维持着整个城市的运行。除水电外，电缆传送的核电来自距离纽约80千米的印第安角核反应堆。为了让电能远距离传输，这些电缆的电压相当高，城外的电缆电压高达765千伏，需要通过几次降压才能够输送给住宅区或者商业区。5100万千米的通信电缆，承载了整个纽约市信息的传送。庞大的地下供水管道负责了12个湖泊、18个水库约530万立方米的净水输送工作；160千米的高压蒸汽管道，至今仍担负着将热力输送给2200栋建筑的重任；

88 千米的气动输送管道，在邮局和办公楼之间传送 20 万封信件。

在纽约的地下 60 米处，地铁和城际轨道穿梭于庞大的地下世界，他们把纽约五大区的各个岛屿以及相邻的新泽西、康涅狄格和长岛连接起来。位于麦迪逊广场花园之下的纽约宾州车站，是纽约曼哈顿的地下铁路车站，美铁公司的所有服务于纽约市的长途城际列车都停靠于此，这些列车通过哈德逊河下的双轨隧道和东河下的四轨隧道，将远途旅客运往各地。大量客车、货车在地下隧道通行，把繁忙的纽约各大区连接在一起。

在纽约地下 243 米深处，有着纽约最重要的公共设施——地下供水隧道。第一条供水隧道向南穿过曼哈顿，然后在地下 334 米深的位置越过东河，其深度几乎与帝国大厦的高度相等。第二条供水隧道则从布朗克斯出发，穿过皇后区，到达布鲁克林。第三条供水隧道长达 96 千米，为纽约市供水系统的后备补充。

雄安新区全功能市政设施地下化[1]

我国也在致力于打造全功能、立体化、集约化模式的地下空间。雄安新区将变电站、水厂、市政管线等配套设施隐藏于地下，并与周边环境融为一体，为城市地下空间开发利用提供了宝贵经验。

---

① 参见张涛、刘桃熊《雄安“地下工程”采访记》，新华社新媒体，https://baijiahao.baidu.com/s?id=1703250753871338104&wfr=spider&for=pc。

“消失”的变电站

雄安新区首个下沉庭院式变电站——容东片区河西110千伏输变电站，变电站主体置于地下，与空间布局与城市景观融为一体。

变电站地面仅有楼梯间、电梯和通风井，地下3层从上往下分别为电缆夹层、设备室和二次设备间。线路通过地下管廊接入居民区和商业聚集区。设备间里的墙板具有吸声降噪功能，防静电架空地板可防止产生静电，提高变

▶ 河西 110 千伏输变电站下沉庭院

资料来源：张现 摄

电站安全性。步入地下空间，镶嵌于地板上的灯带、吸音墙板、防静电架空地板，让这座变电站极具科技感。

"隐秘"的供水厂

雄安新区起步区1号供水厂采用去工厂化设计理念，通过景观地形的营造将水厂与周边环境融为一体，形成高低错落的景观效果。配合植物遮挡，达到了"隐"的目标。

水厂的水源主要源于南水北调中线工程，在净水工艺上采用"预臭氧+常规水处理+臭氧生物活性炭+膜处理"的方式，通过超滤膜技术，可以使水质达到瓶装纯净水标准。同时，净水池等设备隐藏于地下，通过空间封闭、防渗、隔音、降噪等措施，净水处理全过程在地下一个个密闭的池内悄然完成，可减少浪费并降低对居民的影响。

▶ 雄安新区起步区1号供水厂设计效果图

水厂投用后，日产净水规模达15万吨，出水水质高于国标饮用水标准，既可确保容东片区17万居民能用上优质饮用水，又能完善新区城市供水网络，助力雄安新区绿色发展。

城市“蜘蛛网”无踪影

在雄安新区，水、电、气、暖、网等市政配套基础设施管线全都集纳在地下综合管廊中，最大开发深度为地下22.5米，共规划了300多千米的综合管廊。管廊共3层，最上面的是物流通道，宽度14.4米，高度7.8米，相当于路面标准的双向四车道。未来将利用无人驾驶的送货车运送快递，实现智能物流配送；中间层是用作人员疏散、通风以及设备安装的夹层，所有管道维修都在这层操作；最下面是四个不同功能的管线舱，满足未来城市能源、电力、燃气、供水及传输需求。有10多套非常重要的机电系统，包括通风、照明、排水、消防、气体检测等，设有专门的检修口、吊装口和监测系统，实施统一规划、统一设计、统一建设和管理。

在管廊运维方面，新区将统一建设综合管廊智能运维管廊系统，实现管廊的智能监控和运维智慧化管理。一方面是应用大数据、云计算、人工智能等技术，实现智能分析控制、应急辅助决策、主动式维修保养、智能采购申请与考核评估等管理运维智慧化管理。另一方面是应用“无线物联网 + 边缘计算”，实现管廊内氧气、温湿度、有毒气体、结构状态和风电机设备等无线控制，达到管廊环境与设备实时全方位监控，提高管理安全性，降低运维成本。

标志雄安的智慧“生命线”和象征城市“五脏六腑”的城市地下综合管廊建成后，城市将告别“马路拉链”现象，“蜘蛛网式”线缆也将不见踪影。

▶ 雄安新区地下综合管廊

我们已经深刻认识到地下空间可以为城市的持续性发展，为创造新时代绿色生态智慧化未来城市，提供无限的可能。但我们也知道，地下空间的资源是有限的，且受地质环境条件、施工技术的影响，具有不可逆性。

所以，如何合理地、科学地、系统地、高效地开发利用地下空间，是我们要重点研究的课题。

Bread
Beautiful
COFFEE
PERFUME

第06篇

底层逻辑

——地下空间开发的科学性与系统性

导语

地下空间资源赋存在一定的地质环境中，由水、土、气、岩等地质要素构成。其较强的不可逆性和不透明性、功能的多样性、地质环境的多样性、开发技术的复杂性，决定了在大规模开发利用过程中，不仅要考虑未来城市发展需求、经济技术条件可行等因素，更需要考虑地下空间资源禀赋、地质环境、地下空间安全运营等因素。

习近平总书记在党的十九届五中全会第二次全体会议上指出："贯彻新发展理念，必然要求构建新发展格局，这是历史逻辑和现实逻辑共同作用使然。要坚持系统观念，加强对各领域发展的前瞻性思考、全局性谋划、战略性布局、整体性推进，加强政策协调配合，使发展的各方面相互促进，把贯彻新发展理念的实践不断引向深入。"

与地表土地资源一样，地下空间资源不可再生的稀缺性，决定了在开发利用时，必须做到科学性和系统性，同时加强全局性谋划，整体性推进，以"总体规划引领，地质调查先行"主导地下空间开发建设全过程。只有坚持底层逻辑思维，坚持问题导向，补齐体制机制、政策法规、技术标准等短板，合理规划，多方论证，谨慎决策，实现地下空间开发利用的科学性与系统性，才能使“第四国土”为建设以人为本的、透明的、智慧的、绿色的立体化城市发挥出更大的作用。

我国在开发利用地下空间方面，起步虽然晚于发达国家，但发展迅速，取得了许多令人瞩目的进步。在一定程度上，缓解了城市土地供需矛盾、交通拥堵等“大城市病”，城市抗灾防灾的韧性也在不断增强。尤其在以交通为主导的地下空间开发上，成绩斐然。

但随之而来的，也有新的矛盾、新的问题产生。如浅层占满、深层利用不足的问题，盲目开发造成资源浪费的问题，开发建设过程中发生的地质灾害、工程事故以及地下生态环境遭到破坏的问题，地下空间运营发生灾害事故的问题……

因此，在看到充分开发利用地下空间破解城市发展危机、助力城市高质量发展和城市现代化的光明前景的同时，还要考量城市整体空间与资源，以及社会、经济与环境协调发展。地下空间的开发关乎资源可持续利用和城市空间最优配置，必须在开发前确立正确理念，以“透明”与智慧方式加以规划与管理。另外，地下空间资源的独特性决定其开发的难度与复杂性，只有抱持科学审慎的态度，确保其以最稳定、高效与合理的形式融入城市空间，才能发挥它作为“第四国土”的功能，成为城市高质量发展的强大引擎。

我国地下空间开发利用的现状

我国在地下空间的开发上，主要存在总体发展不平衡、缺乏规划、功能单一、冒进式开发等问题。

总体发展不平衡

从“十三五”期间的发展情况来看，东部地区汇集了中国重要的社会资源、科创力量和资本市场，政策支撑文件颁布数量较多、覆盖广泛，规划管理体系相对完善，地下空间开发已由地铁、地下人防转向地下市政等公共服务设施建设；地下空间行业多元发展，供需市场最大，地下空间专有技术与装备的创新等，成为名副其实的中国城市地下空间发展主驱动，其中，增长幅度较大的依次为江苏、山东、广东。

中部地区和东北地区的地下空间发展速度较快，以武汉、郑州、辽宁等地为代表，地铁、综合管廊等城市地下设施系统的快速崛起，提升了城市经济与社会影响力，充分反映了中国城市地下空间的发展轨迹，具体表现为：地下空间建设势头迅猛，年均地下空间新增建筑面积与东部地区的差距逐年缩小，初步建立了地下空间治理体系。

西部地区和西南部地区发展缓慢，以陕西、四川、广西、云南、贵州为代表的省级行政区，新增地下空间面积与东部地区差距越来越大，仍以发展地下轨道交通为主。

尤其是二、三线城市地下空间统筹规划、开发规模、建设运营水平及公众认知度仍较低，目前对地下空间利用仍局限在围绕地下交通、人防等设施开发建设上，对地下空间解决城市未来高质量发展的认识不足。

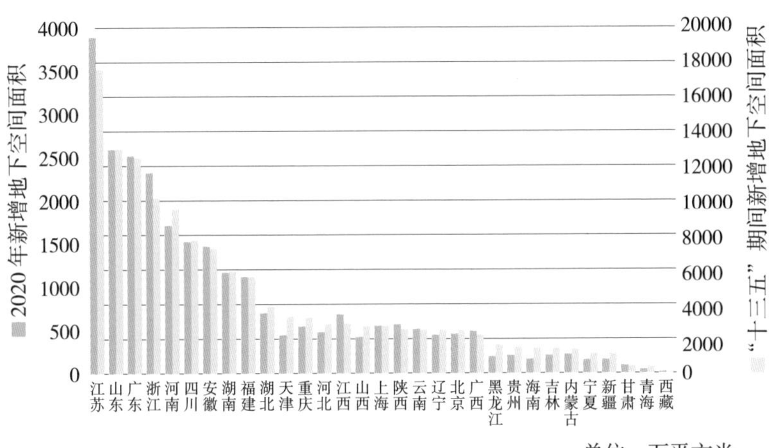

“十三五”期间各省市新增地下空间建筑面积比较

资料来源：中国工程院战略咨询中心、中国岩石力学与工程学会地下空间分会、中国城市规划学会：《2021 年中国城市地下空间发展蓝皮书》，2021 年 12 月。

缺乏规划，浅层占满，而深层利用不足

目前，一般地级市地下空间开发深度集中在浅层（地

下 15 米以内），广州、深圳、南京、杭州等大城市开发深度拓展到次浅层（地下 15～30 米），只有北京、上海等超大城市开始向深层（地下 50 米以下）拓展。

大部分城市中心城区浅层地下空间集聚了地下交通、市政管线、通信电缆混在同一深度，缺少对不同地下构筑物分层化规划思维，严重影响了后续对深层地下空间的利用，如地铁建设过程往往未兼顾市政管线、通信电缆等功能，由此引发的工程事故时有发生，给施工造成了较大影响，城市地下空间开发利用成为缺乏长远规划的自由、短期行为。

同时这种集中开发浅层地下空间模式，也造成深层地下空间资源无法得到合理利用，造成资源闲置浪费问题。相比之下，一些发达国家部分城市地下空间规划深度已超过地下 100 米，如新加坡万礼地下军火库、裕廊石油库开发深度都在地下 130 米以下。

功能单一，开发程度低

我国大部分城市的地下空间利用，仍以地下轨道交通、人防、地下商业为主，地下污水处理、垃圾处理和地下深部排水等基础设施都处于起步阶段，开发利用功能单一、集约化程度不高。

在这方面，不少发达国家的城市已经积累了丰富经验。如日本东京圈排水系统连接着长达 1.57 万千米的城市下水道，是世界城市排水系统的标杆工程；瑞典实现了污水处理全部地下化，仅斯德哥尔摩市就有大型排水隧道 200 千米，其地下垃圾站系统实现垃圾收集、处理、焚烧一体化。芬兰赫尔辛基这座人口仅 60 多万的城市，地下空间已达千万平方米，涵盖停车场、体育设施、石油和煤炭仓库、地铁等功能，拥有包括商场和体育馆在内的 400 多座地下建筑，工业维护隧道 220 千米，水隧道 20 千米及长度达到 60 千米的综合管廊，在功能利用方面，除了最为常见的地下空间资源，还包括地热、岩石等多种地下资源的综合利用。

无序开发与冒进式开发并存

一些城市地下管线铺设和维护开展无序，导致“马路拉链”问题频发，有的道路一年之内就被多次“开膛破肚”，不仅严重影响了城市形象和市民生产生活，更是造成地下空间资源浪费，诱发各类安全和环境问题。

此外，还存在孤立分散、盲目冒进开发的现象。近年来在“地铁开发潮”和“管廊开发潮”的趋势下，超越城市自身经济能力和运营需求的地下设施建设，不仅耗费巨大的投资，还会占用宝贵的地下层位，却无法充分发挥其应有的功能。

还有，城市地下空间开发中不同功能、不同开发单位的规划、设计和施工缺乏互相协调，导致地下、地上的开发各自设计、各自管理，地下工程之间互相影响甚至有发生灾害的案例。

上位法缺失，投资主体单一

我国地下空间呈现出高速发展态势，但是从投资主体来看，除部分结建式地下空间如地下停车库和综合体外，其余绝大部分地下空间开发建设的设施几乎全是政府（国家）作为投资主体。建设融资渠道单一，加大了政府财政的压力，未形成地下空间开发利用可持续的资本投入机制。

其主要原因是国家层面尚无地下空间确权登记方面的法律法规，且《中华人民共和国民法典》也没有明确地下空间使用权取得方式、转让、抵押及权属管理等内容。投资建设的地下空间设施无法取得产权，形成不了资产，也无法办理使用权的转让、租赁、抵押等，制约了社会资本参与地下空间开发建设投资的积极性。

地下空间开发科学性和系统性的问题与对策 ◀ ◀ ◀

顶层设计——缺乏系统科学规划

地下空间开发是一项浩大的系统工程，既要进行资源调查和需求预测，又要统筹地上地下协调发展，并考虑筹资和盈利的可能，是一项需要综合决策的工作。

然而，目前大多数城市对地下空间开发利用基本现状掌握不足，缺乏科学的整体发展战略和统筹的规划。许多城市对地下空间的系统性、复杂性和阶段性认识不足，把地下空间规划编制归为以城市总体规划为基础的专项规划，这种方式造成地下空间与地面空间割裂，地面、地下一体化的立体综合空间整体规划缺失。有的城市地下空间规划的出发点多是对城市地面功能的补充和完善，在实践中常出现“先建设、后协调，开发推着规划走”的情况，导致地下空间相互独立，难以互联互通。具体表现如下。

总体规划滞后

从地下空间的发展来看，其开发利用本身就是一个“被动”的结果，大多数时候是在城市出现问题之后而“不得不”采取的措施。同样，地下空间规划也是在城市地下空间发展出现问题，甚至影响城市发展之后才被城市管理者提上议程。城市地下空间规划的滞后性不仅会对城市发展产生很大影响，还会错失地铁、地下道路、综合管廊等设施一体化建设的良机，给未来城市更新带来更大的经济负担并且所产生的空间效益也会大打折扣。以东北某省会城市为例，地下空间总体规划编制前，地下空间开发乱象丛生，私人开发商大规模开发城市地下街，严重破坏了城市浅层地下空间资源，导致地铁选线因此改线。

无序化、单点化、碎片化开发建设

一些城市围绕地下市政、地下交通、人防等方面进行了专项开发建设，但彼此之间不衔接，缺乏整体谋划。这可能导致一些专项规划就其自身来看是合理的，但放在城市发展全局来看未必是最佳的，甚至会对未来地下空间大规模开发利用形成障碍。

地上、地下规划脱节

由于系统科学规划的缺失，地下空间建设很少考虑与地面建（构）筑物衔接贯通，最明显的例子是我国大多数城市规划的地铁车站出口，除了东西南北四个方向到达地面，与周边大型建筑物连通的情况少之又少。在某东部超大城市，人民广场地下停车库因出入口的位置与中心区的道路规划缺乏统筹，造成交通拥堵，车辆进出困难，实际利用效率很低。

竖向分层规划缺失

随着地下空间进一步开发，大城市中心区浅层（地下15米以内）、次浅层（地下15～30米）地下空间开发也日趋饱和。城市深层地下空间（地下30～100米）的开发利用，能够扩大城市容量，改善城市环境，建设更完善的城市功能，提升城市居民生活水平，已成为现代化城市建设的主要课题，具有重要现实意义。

在浅层、次浅层、次深层、深层各分层区域，地下空间的开发利用各具特色，同时，深层地下空间开发并非次浅层地下空间的简单延伸，包括许多新的挑战，主要表现在三个方面。

其一，深层地下空间埋深大，巨大的工程量直接导致建设成本成倍增加。

其二，众多大城市的地铁、地下仓库和地下变电站等地下工程规模、数量已相当宏大，但由于建设缺乏统一规划，已建地下工程相互干扰，难以确保地下空间利用的充分性和连通性。

其三，深层地下空间的开发利用对工程规划设计、建造施工技术提出了更高要求，这需要对城市深层地下空间的设计施工关键技术展开系统的研究。

目前一些城市有关专项规划多聚焦在利用相对容易的地下 10 米以内的浅层，导致各种功能过于集中而难以合理布局。而且由于地下空间分层分布的特点，一旦一个区域地下空间的浅层被先利用了，这个区域的深层空间就很难再进行有效开发了。

规划缺乏一定范围内的前瞻性研究

现有地下空间规划，多是以对于城市地面功能的补充和完善为出发点，未从城市可持续发展的角度考虑城市地下空间开发利用，对地热、地下历史文化资源等其他地下资源缺乏长远和系统考虑，难以从可持续发展角度实现有效的空间统筹与管制。

应对策略：开展基于地质调查评价的协同规划

我国地质单元多，地形地貌复杂，不同城市开发地下空间有着不同的开发需求和资源禀赋，应当根据当地气候类型、地质条件、经济社会发展阶段和发展的主要矛盾，对地下空间的开发量和开发功能布局进行长远的、科学的系统规划。

构建基于城市地下空间地质调查评价的协同规划体系

组织具有丰富经验的国有地质勘查单位，围绕京津冀、长三角、粤港澳大湾区重点城市，以及部分中西部地区中心城市，针对地质结构、岩土体特性、地下水体类型、地质灾害及地下生态环境等地质因素，开展专项地质调查研究，同时全面开展对重要城市的地上地下资源、环境、空间、权属调查工作，摸清城市地下空间的资源环境家底，统筹地上地下空间资源开发利用，编制覆盖全国陆域的城市地下空间资源调查和区划成果。

综合考虑城市地下空间资源禀赋、区位条件和开发需求，按照城市群进行优先等级确定和系统科学地规划布局，在新建区域贯彻“先地下，后地上”的开发建设时序，在已建成区实施“地下修复，优化利用”的开发利用战略方针，限制和禁止开发区域实行红线管制，确保地下战略含水层等的生态安全。

地下空间开发深层化、分层化及网络化

地下空间是一种宝贵的不可再生资源，为保证其得到集约高效的利用，深层地下空间的开发正朝着分层化趋势发展。

在城市总体规划层面，各城市应根据城市未来经济条

件、发展需求，结合当地地质特点与城市延伸方向，合理布局、分层设计。以人和为其服务的功能区为中心，人车分流，市政管线、污水和垃圾的处理分置于不同的层次，各种地下交通也分层设置，减少相互干扰，保证地下空间利用的充分性和完整性。

在交通、管廊等地下空间专项规划中，为了保障城市各层次空间之间的快速转换，也会向网络化方向引导，地下空间逐步形成网络，换乘站点比例提高；地下快速路将形成体系，地下市政综合管廊未来逐步形成网络，远期地下物流系统将在城市和城市群之间系统规划并渐成体系。

地下设施功能多样化、综合化

与城市生活息息相关的设施不断向地下发展，除地铁、地下公路、地下停车场、地下市政管网（廊）、人防、地下商业等常见的地下空间设施之外，地下变电站、地下垃圾集运和处理、地下污水处理厂、深隧、地下物流、地下运动场、地下通信站、地下图书馆等新型地下空间设施在未来都将不断地涌现，地下空间呈现多样化趋势发展。

地下空间的综合化主要是指建设大型公共地下空间工程，集商业、娱乐、仓储、轨道交通和市政等多功能于一体，统筹地面和地下协调发展，合理利用地下空间。

地下空间的综合化可提高土地集约化利用水平，解决城市交通和环境等问题，将城市土地资源最高效能化利用，将是未来地下空间开发的重要模式。一方面，地下空间综合化极大地改善和拓展了城市空间形态，做到生态环境协调，还可一站式满足居民出行、用餐、购物、学习和娱乐等多项需求，极大地便捷了居民生活。另一方面，地下空间综合化开发利用带来了新的经济增长点，实现了社会效益和新增经济效益最大化。例如，轨道交通通过沿线物业开发、上盖物业以及周边地下空间互联互通获得经营收入。

实现地下空间的综合化，城市立体空间协同发展，其前提条件是建立地上地下一体化的城市总体规划，将地上地下空间作为一个整体，综合考虑城市功能布局，充分发挥地上地下空间各自的优势。同时，还需保证轨道交通、商业娱乐和市政消防等的统一设计、有序建设和协同运营。

地下资源开发利用协同化

城市地下，除了地下空间，还赋存着地下水、地热能、地质材料等多种宝贵的地质资源。当前，资源问题逐渐成为制约城市发展的难题，地下空间开发时势必会考虑与其他地下资源协同开发。然而，每种资源开发时都会对其他资源产生扰动和影响，严重时还会产生灾害。因此，识别和评价与地下空间共生的其他地下资源的禀赋和互相作用模式，是地下空间与多种资源协同开发的必然趋势。

广义上来讲，地下空间的协同化发展趋势也包括地上设施与地下空间的一体化协同、地下不同层位之间的功能布局协同、不同开发类型地下空间的功能配合协同，以及地下空间开发过程中探测、评价、规划、施工、监测、监督管理的全链条的协同。

地下交通空间与城市空间交融发展

以地铁、轻轨的主干线站点为轴心，向外辐射城市中心区，是地下空间延展的主要模式。当今我国超大城市的轨道交通中，以交通运载量最大的那条轨道为发展轴，城市沿着轨道交通发展，每个轨道站点作为发展轴的轴心，城市的区域发展围绕轴心向外扩展。因此，轴心也是城市的发展源，其在地下空间的纵向层面上聚集发展多元化的城市功能，促进城市空间由单一型转向复合型。

地下交通空间作为其他城市空间的连接体，使得整个城市的区域在地上、地面、地下三个维度有机地整合和连通，优化了城市空间结构，使城市空间从二维的杂乱无序转化为三维的井然有序。因此，地下交通空间与城市空间的交融，是城市由平面转向立体的关键，也是地下空间未来发展的重中之重。

地下空间的开发要结合国防安全战略

科技进步对现代军事攻防和未来战争都产生了巨大的影响，城市化的推进，使得战斗争夺的焦点从各种要塞转向城市。人防工程的设计与建设，将直接影响到城镇居民在面临战争威胁时的生死存亡。

习近平总书记在会见第七次全国人民防空会议代表时强调，人民防空事关人民群众生命安危、事关改革开放和现代化建设成果。要坚持人民防空为人民，把这项工作摆到战略位置。地下人防工程是国防的重要组成部分，深入实施军民融合发展战略，坚持人防建设与经济社会发展相协调，在新型城镇化中统筹推进人民防空建设，把人防工程作为地下空间开发利用的重要载体，更好发挥地下资源潜力，形成平战结合的城市地下空间。既要发挥人防的公共服务功能，又要发挥人防应急救援支撑功能，纳入城市应急救援保障体系，增强公共应急能力。

管理机制——多头管理与无人管理

据了解，我国各地城市地下空间开发利用往往涉及自然资源、发改、住建、交通、市政、人防等十余个政府部门，呈现出“九龙治水”的管理局面。1997 年原建设部印发的《城市地下空间开发利用管理规定》中提出，建设行政主管部门负责城市地下空间的开发利用管理工作，但并未就协调国土、规划、人防及其他专业管理部门作出规定。由于监管部门众多，多头管理与无人管理等现象并存，监管部门涉及多方利益与诉求，相互掣制，无法形成监管合力，而建设部门纷纷从本领域需求出发进行开发建设，各自为政、先占先用。

多头管理或无人管理现象在城市地下管网中体现得尤为突出。城市地下管网的管理体制涉及中央和地方两个层次共 30 多个管理部门、权属部门、单位，交叉存在着三种管理体系。

一是职能管理，主要涉及投资计划、财政、城市规划、建设工程、城市管理、安全监督、信息档案、保密、国土、测绘、国家安全、国防等部门。

二是行业管理，主要涉及电力、电信、供排水、燃气、热力、工信、能源等行业主管部门。

三是权属管理，主要涉及中央和地方相关企业（单位），其中中央企业（单位）有中石油、中石化、中海油，国家电网，中国电信、中国移动、中国联通等，地方（含民营）企业（单位）有电力、供水、燃气、供热等。

这种管理现状，致使安全责任主体不明确，导致建设和运营过程中安全事故时有发生。

在我国最常见的“马路拉链”、“地下管线打架”、顶管施工破坏其他管道等施工事故，以及与管网运维相关的泄漏、爆炸、道路塌陷等事故，给城市地下空间安全及运维管理带来严重挑战。

应对策略：建立地下空间综合管理机构

鉴于地下空间在功能上的综合性、空间上的多样性、开发实施的关联性以及工程建设的不可逆性，有必要将地下空间作为一个专项管理内容，从立法层面明确地下空间综合管理部门和管理机制，设立地下空间开发利用综合协调机构，有效协调自然资源、发改、住建、交通、人防等相关部门，明确各部门的管理边界，促进相关部门的综合协调和信息共享，研究决策地下空间开发利用中的重大事项，推进地下空间相关立法和政策制定工作，统筹地下空间规划编制和管理工作，形成涵盖行政立法、总体规划、项目审批、设计审查、工程管理、安全监督和技术创新等方面的地下空间开发利用机制。

如深圳市在前海和深圳湾超级总部两个集中开发区的地下空间规划管理中，采取了“双统筹”机制，既有行政协调，又有技术协调。深圳湾超级总部基地致力于增强深圳在粤港澳大湾区的核心引擎功能，打造展示粤港澳大湾区竞争力、影响力的全球城市“巅峰之作”，建设中国特色社会主义先行示范区、社会主义现代化强国城市范例的样板。在深圳湾超级总部基地的综合统筹中，有总指挥部和总设计师团队的“双统筹”，设计上进行了国际咨询和城市设计，实施方面有统筹实施和开发运营。

而亚洲最大的综合交通枢纽工程——深圳市前海综合交通枢纽站城一体化综合开发，被作为典型经验，在全国范围推广学习。统筹方面有前海管理局的行政统筹和技术统筹，以综合规划、城市设计、轨道交通、地下空间等为前提，实现多规划合一，编制《前海开发单元规划》，并进行一体化设计与实施。

法规滞后——投资保障不足

截至 2019 年底，国家和地方涉及城市地下空间的法律法规、规范性文件有 460 多份。但其中国家层面法律法规较少，而且大多数为原则性指导意见，规定不具体、内容不完备，在实践中难以有效地贯彻执行。

《中华人民共和国民法典》第 345 条明确："建设用地使用权可以在土地的地表、地上或者地下分别设立。"但对地下空间权仍未给出明确规定。

由于缺乏国家层面的专项法律法规作支撑，地方政府制定法规所涉及规划编制审批、规划许可、权属出让等方面依据不充分，地下空间权属界定、获取、转让、保护、登记等法律依据缺失，导致地下空间有关权利纠纷时有发生。

如全国范围内人防工程多未确权发证，由此造成一个问题，就是地下车库的权属到底是属于开发商，还是属于业主集体共有，据此引起的法律纠纷不断。

同样，投资建设地下设施后权属不能确认，无法形成法律意义的资产，不仅使发生纠纷时得不到法律保障，也造成投资者无法办理转让、租赁、抵押等，严重制约了社会资本参与城市地下空间开发建设投资的积极性。由于法规的滞后，我国地下空间开发建设除部分地下停车库外，其投资主体都是政府资本。

从一些发达国家的情况来看，他们普遍重视地下空间立法。如德国《民法典》、日本《民法》及《不动产登记法》、美国《国家住宅法》等，都从国家层面对地下空间权的权属范围、有效期、不动产登记管理部门、登记内容和程序以及法律效力等进行了详细规定，为地下空间开发利用提供了权威而细致的法律依据，这些国家的地下空间运营经验和管理方式值得借鉴。

应对策略：推进政策法规新立和修订

国家层面，建议借鉴发达国家在地下空间方面的立法经验，尽快整合《中华人民共和国城乡规划法》《中华人民共和国人民防空法》《中华人民共和国军事设施保护法》《不动产登记暂行条例》等相关法律法规中地下空间开发利用方面的条文，并合理吸收我国地方政府立法成果，对城市地下空间所有权、规划权、建设权、管理权、经营权、使用权及有偿使用费的收取原则等作出详细规定，加快形成完善的地下空间开发利用法律法规支撑。

地方层面，鼓励开展地下空间地方立法工作，以政策法规为支撑，完善保障机制，构建明晰的地下空间产权制度，发展三维空间产权登记和使用权分层登记的新模式。推进对地下空间确权登记规划审批、工程建设、权属划分、管理维护等环节的综合立法与专项立法，保障地下空间开发利用的合理有序开展。以深圳为例，2008 年出台了《深圳市地下空间开发利用暂行办法》，2013 年进行了《深圳市城市规划标准与准则》的修订，最近几年在陆续出台规划标准、建筑设计规则、轨道用地预控、用地出让、容积管理及总设计师制度，并于 2020 年 12 月出台了新一版的《深圳市地下空间开发利用暂行办法》，进一步完善了地下空间的规划管理、土地供应、建设实施等方面的政策规定与引导机制。重点从以下几个方面作了调整：一是把地下空间纳入法定规划，通过法律来敲定地下空间规划体系，给地下空间规划一个合理定位，强化政策引导和规划统筹；二是土地供应制度方面，精准掌握底数，供地方式上更加完善细化，从平面到立体强调地下空间的资源属性；三是管理职责方面明确了各部门职责，全方位落实规划要求；四是在集中开发区制定针对性的具体政策作支撑，注重集中开发设计，提升区域整体功能。

在国家层面和地方层面，加快推进地下空间权属及相关立法前提下，我们要积极探索以市场化融资来支持城市地下空间建设。充分发挥市场机制的引导作用，通过“产业化发展、企业化经营、社会化服务”，积极探索地下空间开发的市场化商业融资模式。

对于完全用于商业开发，能够实现经营可持续和财务可平衡的地下空间项目，可积极引导具有投资意愿、具备建设开发实力的社会资本，通过市场化的方式投资、开发、建设和运营管理。与此同时，城市地下空间商业开发项目，必须充分考虑周边地面商业地产的经营情况，以及地下空间开发的地理位置、开发面积和开发用途，确保地下空间项目出售或出租等形成经营收益。

对于需要兼具公共市政功能的城市地下空间，要考虑通过“肥瘦搭配”方式，构造兼顾公共市政和商业服务的地下空间综合体项目，确保商业服务部分的地下空间经营收益足够弥补公共市政功能部分的建设运维成本。

能力支撑——关键技术尚需突破，标准体系不够完善

我国地下工程建设技术装备虽取得了重大突破，尤其盾构等设备技术居于世界前列，但面对超大、超长、超深、超快及高原高寒等新条件下地下空间建设的关键技术尚需突破。

一是在施工技术方面，复杂地层、穿越既有建筑物等困难条件下地下空间勘察设计技术、施工方法技术、智能建造技术等方面仍存在短板；地下工程施工新材料、新工艺、新技术等基础研究薄弱；没有形成被国际认可的地下工程施工技术标准与理论体系。

二是在技术装备方面，传统装备的适用性、稳定性差，关键技术尚未突破，关键部件受制于人，国产化率低，无法适应多元化需求。如我国干热岩勘查过程中由于国产钻探设备无法适应深部钻探要求，钻进效率低，引进国外设备成本巨大，很大程度上影响了干热岩勘查工作。

国际竞争力不强，产业链尚不完善，缺乏行业发展全球化布局；行业创新、成果转化率低，成果转化机制亟待完善；亟待通过施工技术装备的创新突破，提升不同地质条件和高压、高地应力、高低温、极硬和极软等极端复杂工况下的掘进和开挖能力。这些都制约着我国地下空间的发展。

目前，我国国家层面地下空间开发利用有关技术标准包括《城市地下空间规划标准》《城市工程管线综合规划规范》《人民防空工程设计规范》《城市综合管廊工程技术规

范》等；行业协会技术标准包括《城市地下空间运营管理标准》《城市地下空间开发建设管理标准》等。

另外，国家层面技术标准数量较少，而且其中大多数限于管理、规划等方面，也制约着地下空间的健康发展。从类型上来看，多以地下停车库、地下管廊、人防、地下管线、地下轨道交通等设施的建设与管理为主，而多数门类工程，如地下仓储、地下物流等仍然缺乏建设标准。现行地下空间建设标准中，存在国家标准、行业标准和地方标准之间交叉重复的现象。以人防工程为例，结构设计类的规范共有四部，这种现象带来的弊端是给采标过程造成混乱，让标准执行者无所适从，造成了经济浪费。

应对策略：补足施工技术及装备短板，建立和完善技术标准体系

随着我国城镇化的持续推进，城建土地资源供需矛盾加剧；国内大循环和“一带一路”建设，进一步推动了交通业的发展；加之节约资源、保护环境、战略安全等发展规划的不断推进，地下空间开发需求将与日俱增。未来的地下空间开发不断朝着“深、大、长”方向发展，地质环境亦趋于复杂，高地应力、高地温、高瓦斯、高水压等引起的突发性工程灾害和重大恶性事故频发，现有技术标准体系面临着巨大的挑战。因此，亟须对施工技术及装备领域开展深入研究，完善配套技术标准，在技术体系上系统

解决复杂地质环境和深层、超深层地下空间建造问题。

一方面，聚焦复杂地质环境及深层、超深层地下空间开发技术难题，重点研究复杂地质环境、深水环境下的施工控制技术，盾构高水压防水和掘进稳定技术，超长距离隧道通风安全救援技术，地下施工的隐患精准探测及超前预报、信息感知、先进破岩等技术。同时，进一步创新地质探测、掘进、建造等智能装备，如千米级超深地质钻探装备、超大直径全断面掘进智能装备、协同高效支护体系智能安装装备，补齐施工技术及装备的短板。

另一方面，围绕地质调查及评估、规划设计、专项建设、环境保护、安全运维、应急管理规范和更新改造等，开展各类标准的整合、修订以及标准体系建设研究，形成集地下空间地质调查、规划设计、施工、防灾减灾以及环境保护于一体的技术标准体系，为我国地下空间的开发利用规划、建设、管理提供技术规范。

地下空间海量多源数据，赋能城市高质量发展

地下空间大数据

城市地下空间是一个庞大而复杂的系统，其大规模开发建设和运营维护的全过程将产生海量多源数据，对地下

空间数据挖掘、管理和使用，建立城市地下空间“调查评价、规划设计、建设运营、监测应急”全流程数据体系，依托地下空间多源数据，实现智慧、智能管理。

地下空间数据主要由以下三部分组成：前期地质调查评价数据、地下空间设施的三维空间坐标及属性数据、地下空间设施（备）运营维护数据。与城市地上各类信息数据一样，这些地下空间数据相互联系、相互交织融合，组成了一个庞大而又复杂的地下空间数据系统。

前期地质调查评价数据

该数据是地下空间规划和开发建设前期通过地质调查、钻探、物探、化探、遥感、测绘、分析测试、综合研究等手段采集获取的，涵盖了区域地质、水文地质、工程地质、环境地质、地质灾害、地质资源能源等专业地质数据子集，既有地质地层、构造、岩土体性质、地下水、不良地质环境等信息，又有地热资源、地质材料等地下空间资源的基本信息以及潜力因素信息，是构建“透明城市”、建立不同空间尺度三维地质模型、实现各类功能的地下空间分层利用和安全利用的基础。因此，如何利用好这些数据资源，关系到地下空间科学合理规划和安全开发建设。

地下空间设施的三维空间坐标及属性数据

该数据包含了地下交通、地下管网、地下人防工程、地下商业综合体等诸多设施的三维空间坐标，以及地下空间设施的功能、材质、断面规格、权属单位、设计建设单位、建设运营时间等属性的海量数据，是地下空间分层利用和运营维护的基础支撑。如设计地铁线路时要求对已有地下设施安全避让，地铁施工对市政管线的影响、各种工程穿插施工造成的沉降叠加等。如果不能精准掌握这些数据指导工程设计和施工，将造成不可估量的灾害事故和财产损失。

地下空间设施（备）运营维护数据

该数据包括地下空间运营中的结构完好程度、运营状况、运行状态监测、周边灾害隐患排查等数据。这类数据是保障地下空间设施安全运营的基础，如地下管道的泄漏、爆管引发的地面塌陷问题，排水管道的淤堵引起的环境污染和城市内涝等问题，直接关系城市运营安全。

赋能生态城市、韧性城市和智慧城市建设

在大数据时代，万物皆互联，已经并将继续深刻影响人类的生产生活方式，地下空间数据也不例外，充分依托和利用好海量地下空间多源数据，通过模型的建立和数据的融合，综合现代先进技术的应用，构建地下空间智慧管理体系，全方位服务地下空间规划、建设、运行、管理全过程，这是未来城市地下空间的管理和综合治理的发展趋势。

但是，由于我国城市地下空间多头管理，海量的多源数据信息由不同行业、不同部门和不同权属单位掌握，各自采集和存储的相关数据格式、表现形式、管理平台不尽相同，遵循的标准各异，导致地下空间数据共享十分困难，进而阻

碍了大数据信息管理平台建设工作的顺利开展，严重制约了城市地下空间管理标准化、信息化、精细化水平的提升。

鉴于以上因素，亟须构建地下空间大数据汇聚、更新和共享机制，对地下空间探测—规划—建设—运维全过程的所有数据进行整合、融合，依托物联网、云计算和人工智能等技术，建立面向地下空间信息集成的基础设施智慧管理服务系统和决策服务系统，全面提升地下空间综合治理的科学性和系统性。

面对我国城市地下空间数据管理和应用现状，应着力开展以下四个方面工作。

完善地下空间数据汇交机制

加强多部门协调配合，出台地下空间地质调查、已有地下空间设施普查、施工建造、运营维护、安全监管等数据资料的汇交与管理办法，建立统一的地下空间数据动态更新评估机制，明确除涉及国家安全和军事设施保护外的地下空间数据共享义务，推动海量地下空间多源数据汇聚共享。同步推进地下空间信息化建设和动态维护，高效辅助地下空间开发建设和运维管理。

加快地下空间信息化和透明化

全面摸排地级及以上城市的地质信息化、地下基础设施信息化建设情况，制定统一的信息数据标准，整合地下空间信息数据库，建立全国城市地下空间三维地质结构模型、城市地下空间信息管理系统和地下空间开发利用政府决策信息支撑平台，实现地下空间开发建设及安全利用信息的互联共享与高效利用，实现地上地下信息化、一体化和透明可视化。

构建地下空间运营的智慧化管理体系

加速构建地下空间智慧管理体系，提升地下全生命周期服务保障能力。充分利用多元传感信息融合技术、高精度可靠感知技术、新型智能传感器技术以及建筑信息模型等当代先进技术，提升地下空间综合治理智慧化水平，实现地下空间的全方位、全生命周期的超级地下空间动态管理。创新BIM、3S① 等技术，建立综合管理平台，实现进度可视化管理、安全隐患管理、质量管理、人员管理、物资管理和成本管理的信息化与集成应用；依托物联网、人工智能等技术，打造环境与设备监控、通信、安全防范和预警预报等系统，建立数据驱动的集管理、服务和运营于一体的综合性智慧管理平台，赋能城市地下空间工程的运营维护。

探索地下空间综合治理智能化运用

随着物联网、云计算、大数据和人工智能等新兴科技的发展，智慧的感知、互联、处理和协调功能将使城市地下空间更加智慧化，为公众提供多渠道、多方式的服务功能，如智慧地下停车场、智慧物流系统等。

智慧地下停车为公众提供在线查询预约、快速通行、

① 3S 技术是遥感技术（remote sensing，RS）、地理信息系统（geographic information system，GIS）和全球定位系统（global positioning system，GPS）的统称，是空间技术、传感器技术、卫星定位与导航技术、计算机技术、通信技术相结合，多学科高度集成的对空间信息进行采集、处理、管理、分析、表达、传播和应用的现代信息技术。

停车向导、反向寻车、电子支付及自动停取车服务等，解决公众停车难的问题，方便大众出行。

智慧物流系统通过大直径地下管道、隧道等运输通路，对固体货物实行运输及分拣配送，客户在网上下订单以后，物流中心接到订单，在地下进行客户货物的专业仓储、分拣、加工、包装、分割、组配、配送、交接、信息协同等基础作业或增值作业，通过地下管道物流智能运输系统和分拣配送系统进行运输和配送。

▶▶▶ 总体规划引领，地质调查先行，打造“透明”城市地下空间

规划引领，构建立体统筹的国土规划体系

城市地下空间作为城市宝贵且有限的自然资源，受到越来越多的关注和重视。城市地下空间开发利用需遵从科学性和系统性，以规划统筹为引领，强化系统布局，构建全面、系统、逐级传导的规划编制体系，分层次推广地下空间总体规划，以改善地下空间规划滞后于开发建设，“开发推着规划走”的局面。

同时，在编制城市地下空间规划时，需重视地下空间资源的合理、经济和高效的开发利用，并加强地上地下空

间资源的整体规划，切实推进包括地下空间在内的“多规合一”，构建立体统筹的国土空间规划体系。

调查先行，打造“透明”的地下空间

地下空间资源作为实体地质结构空间，其开发建设受地质环境因素的影响，同时，地下空间施工建设也会诱发地质环境负效应，引发地面沉降、塌陷、坍塌等灾害事故。中国工程院《2021年中国城市地下空间发展蓝皮书》显示，2020年地下空间发生灾害与事故共237起，其中与地下资源环境条件相关的地质灾害和工程事故达到了109起，占比达到46%。因此，地下空间开发利用是否科学合理，取决于前期的地质调查研究是否全面系统和精准，这关系到地下空间规划设计、开发建设、管理运营全过程，必须予以高度重视。

影响和制约地下空间开发的地质环境因素

活动断裂带及地震

活动断裂带工程性质差，在地下空间开发过程中容易引起地面沉降变形和涌水事故。同时活动断层可能诱发构造地震，地震导致砂土液化，施工过程中易出现基坑边坡坍塌、隧道围岩变形破坏，运营过程中易导致隧道和相关设施变形破坏。此外，活动断层及其引起的地裂缝错动，容易导致跨越其上的设施产生变形开裂。从区域分布来看，我国活动断层在乌鲁木齐、长春、北京、西安、兰州、西宁、银川、包头、福州、昆明、深圳、青岛等20个城市较为活跃。

特殊岩土体

影响地下空间开发的特殊岩土体包括硬质岩、软质岩、卵砾石层、软土等。其中硬质岩不仅增加挖掘难度，而且在构造活动强烈的坚硬岩体中容易产生岩爆问题；软质岩力学强度低，易导致地面沉降变形甚至塌陷；在卵砾石层中开挖基坑和隧道时，容易产生塌落、坍塌、管涌、突涌。软土降排水和支护较为困难，基坑边坡和隧道围岩易变形破坏，同时还会引起周边建筑物开裂、地面变形破坏。

不良地质现象

制约城市地下空间开发的不良地质现象主要有岩溶、地裂缝和地面沉降。

我国受岩溶影响大的城市包括广州、武汉、昆明、贵阳、南京5个省会级以上城市和佛山、桂林、唐山等36个地级城市，岩溶发育区不仅增加了施工难度，而且可能发生突涌水和渗透变形。

地裂缝灾害在西安、北京、太原等城市广泛发育，常常导致地表建筑物开裂破坏、桥梁受损开裂、道路变形、地下洞室和管道被错断，对城市地下空间构成严重安全威胁。

全国102个城市发现地面沉降现象，而上海、天津、北京、西安等城市地面沉降最为突出，最严重的为北京、天津和邢台，年最大沉降量超过100毫米，地面沉降常常导致地下设施功能失效和地下管道开裂、起伏、变形，给地下工程正常运营带来的影响非常严峻。

水文地质条件

地下工程在施工过程中受含水砂层的影响，易产生流砂和突水等问题。因此，含水砂层分布和厚度对地下空间的开发影响较大。如2003年上海地铁4号线地层塌陷事故，隧道掘进和基坑开挖时的流沙、坍塌、滑坡、坑底涌土等地质灾害的发生，与地下水关系密切。

目前，我国多数城市地质调查研究还很不足，地质数据掌握不清，可供合理开发的地下空间资源量情况不明，严重制约着地下空间的安全高效开发利用。

一是地质情况不明导致开发受阻。如济南地铁由于地质情况不明，无法解决影响地下水脉问题，地铁开发争论了20年；南京扬子江隧道由于穿越地层复杂多变，并存在孤石、铁锚、沉船等不明障碍物，在采用盾构方式掘进江底隧道过程中，因地质因素和地下障碍物的影响，出现盾构无法掘进的情形，严重影响了施工进度。

二是深层地质数据缺失，这导致我国绝大多数城市地下空间开发利用处于在地下30米以内的浅层空间，制约了地下空间竖向分层规划及全深度、全功能综合利用。

三是对不良地质条件影响研判不足可能埋下安全隐患。近年来，不良地质条件致使城市地质灾害和环境污染事件频发，如地面沉降、地裂缝引发地下管道爆裂、管道起伏、脱节等，不仅导致数以百计的城市路面塌陷事故，还造成排水管道污水外渗污染地下水土体的环境问题。

建立健全地下空间的地质调查与评估体系

地下空间是地下资源的生态载体。我们在对地下空间开发之前，需要对其地质资源、地质环境、地质灾害和三维地质结构进行地质探测调查，根据地质调查结果，进行地质数据分析并作出地质资源环境适应性评价，为科学规划、开发利用和管理城市地下空间提供基础支撑和服务。

位于不同地质地貌单元的城市，其地下地质结构和资源禀赋各不相同，加之地下空间系统涉及面广，多种地质要素相互交织，互馈作用复杂，对环境变化和工程扰动响应敏感。目前，不少城市在地下空间开发利用过程中已经出现一系列由于地下情况不明或潜在危险性判断不足而导致的系列灾害，也有许多城市由于地下情况无法探明而制约地下空间开发的案例。

具有积极意义的是，近几年许多城市地下空间规划，都以充分的地质调查研究成果作支撑。

雄安新区规划之初，围绕城市地质和地下空间利用需求，聚焦城市规划、建设、运行、管理的重大问题，分轻重缓急查清地下三维地质结构。通过地下空间探测、地质大数据分析、三维建模、地下空间规划利用编图、信息服务等关键技术方法，构建雄安新区地下空间三维地质结构模型，编制通俗易懂的地下空间开发利用的规划建议图件，为城市地下空间集约发展、安全发展和智能发展提供服务。

武汉市开展大比例尺地下空间开发利用综合地质调查

工作，包括基础地层结构、地质构造、水文地质、工程地质条件及浅层地温能、深层地热能等地质资源，地质数据支撑长江新城 11 种规划包括地下空间、地热、交通、用地等。

成都市开展了 1584 平方千米的城市地下空间资源调查，探测地下 200 米，探明地下地质环境条件、地质灾害、地热能禀赋及优质地下水分布情况，为打造“透明成都”、建设未来地下城市提供了支撑。

随着城市地下空间开发规模及开发深度越来越大，未来在城市地下空间开发利用的规划阶段，进行高精度的地下空间探测，全要素的地下空间资源调查评价，为功能区划和整体规划提供科学依据是安全开发地下空间的必然趋势。

打造城市地下空间三维可视化平台

地下空间资源与地表土地资源最大的区别在于，地下空间被岩石、土壤和地下水等介质包围，具有封闭性和不透明性，因此地下空间的地质环境条件是影响和制约地下空间开发的内在因素。同时，地下空间作为自然资源，有一个重要的特点就是具有较强的不可逆性，开发一旦实施，很难改造和消除，要想再开发也非常困难，它的存在势必影响未来附近地区的使用。这就要求对地下空间资源的开发利用进行分阶段、分地区和分层次开发的全面规划，在此基础上，有步骤、高效益地开发利用。

我们通过地质探测调查，获取包含区域地质、水文地质、工程地质、环境地质、地下水体和地热资源等大数据，构建地下空间三维地质模型，引入三维可视化技术，对不同类型三维模型实行针对性优化，进而打造“透明”的城市地下空间。

为引领城市地下空间开发“透明化、可视化”，须按照“总体规划引领、地质调查先行”的理念，必须对地下空间的地质结构、岩土体特性、地下水体以及地质灾害等要素进行调查和评价。

城市地下空间大规模开发利用实践表明，要强化地下空间建设的系统分布，引领地下空间开发“透明化、可视化”，须按照“总体规划引领、地质调查先行”的理念，对地下空间全要素集成建库、三维地质建模，为城市地下空间总体规划和科学开发利用提供信息支撑。

科学开发地下空间的原则

地下空间不仅是城市重要的空间资源、各类建设活动的基础，同时是地下岩土资源、地下水源、地下可再生清洁能源等的重要载体，还是自然资源生态系统的重要组成部分。借此，我们站在“第四国土”资源的全新高度，提出城市地下空间开发要坚持“开发与保护相结合、地上与地下协同发展、远期与近期相一致、平时与战时相结合、结构与功能相协同”的科学开发原则。

开发与保护相结合原则

党的二十大报告提出“生态优先、节约集约、绿色低碳发展”。《中共中央国务院关于建立国土空间规划体系并监督实施的若干意见》对国土空间规划的编制提出：“提高科学性，坚持生态优先、绿色发展，尊重自然规律，因地制宜开展规划编制工作；坚持节约优先、保护优先、自然恢复为主的方针，在资源环境承载能力和国土空间开发适宜性评价的基础上，科学有序统筹布局生态、农业、城镇等功能空间。”

地下空间作为城市重要的资源载体，应立足资源禀赋和环境承载能力，贯彻生态保护优先的理念，明确地下空间资源发展底线，以生态安全评估为前提，合理有序地利用地下空间资源。在充分进行地下空间开发的同时，要做好对原有地下构筑物的改造利用、地下文物的就地保护等工作。

地上与地下协同发展原则

城市空间是一个三维的整体，城市地下空间必须与地上空间功能相协调，通过重点建设、竖向分层，实现城市空间资源的优化配置，促进地下空间与城市的一体化建设，突出一张蓝图绘到底，避免对原有规划的修补，实现地下空间的可持续发展。通过综合考虑各项城市开发建设影响要素，建立可量化的综合评估方法，客观判断地下空间资源潜力，指导地下空间的合理优化布局。

地上地下一体化统筹重点是地上与地下在开发规模、建设高度与深度、使用功能、停车位、配套设施建设等方面的衔接，明确地下空间内部连通，及其与周边地块间的连通要求和连通方式，通过预留连通接口、共建连通通道等方式，推动地下空间内部连通及其与周边地块连通，尤其是与重大交通基础设施（如轨道交通设施等）的连通，发挥整体空间的效益。

细化地下空间规划体系中对建设区域内的指标要素，包括对开发适宜的功能、与地面环境一体化营造以及对交通、能源、市政等设施的衔接策略等。注重与地面各层次规划内容和指标的衔接。地下空间开发利用既要遵循地下空间资源开发的一般规律，也要考虑现有城市格局的现实，将城市地上地下空间作为一个有机整体，综合考虑地上地下空间多种功能的整体规划，突出规划城市发展的重点区域，充分体现城市的土地价值与效能，引导城市空间整体协调发展。

远期与近期相一致原则

由于城市发展与地下空间开发利用的不同步，城市对地下空间资源开发利用的近期要求，往往与城市对地下空间开发利用的远期需求相矛盾，从而使地下空间开发利用实际可行性受到较大影响和制约。

一方面，城市地下空间开发利用滞后于城市发展时，未考虑地下空间开发利用的城市开发建设一旦形成将导致其地下空间开发利用难度增大或无法开发，这种情况在老城区等城市建成区最为突出。

另一方面，仅仅按照城市近期需求进行的地下空间开发，常常会对远期开发利用产生限制和阻碍，这种现象，在直接服务于所属土地本身的浅层地下空间开发利用中，表现得尤其明显。

城市对地下空间开发利用的需求，存在着阶段性和渐进性的特点，这与城市地下空间开发的一次性和不可逆性等特点之间，存在着显著的矛盾。因此，基于远近统筹下的城市地下空间开发利用规划中，必须坚持远近结合、综合统筹的规划原则。

平时与战时相结合原则

平战结合是地下空间开发利用与实现韧性城市的重要途径，应贯穿城市规划，以及地下空间的开发和使用、投资和管理等环节，加强深层地下空间的利用，提高设施通用性，分层分类管理。

首先，应依托人防工程构建地下空间主动防灾体系。地下空间建设应基于人防的指挥、人员掩蔽、物资储备、专业救险等相对完善的防空体系，构建地下空间主动防灾系统，统筹“人防工程”“地下空间兼顾人民防空”“普通地下空间”三者的关系，形成相互连通的地下防护体系。要重视人防工程与城市应急避难中心、城市地下交通枢纽、城市公共绿地多功能融合，兼顾考虑地下构筑物战时人防功能发挥，有效调配空间资源。

其次，结合地铁建设完善地下防灾系统。地下空间建设应加强交通干线以及其他大型地下公共设施的兼顾人防要求，保障对重要经济目标的有效防护。与此同时，应充分利用地下空间抗爆、抗震、防地面火灾、防毒等防灾特性，加强地下空间防灾设施与城市防灾避难体系的联系。可结合城市绿地及广场系统，利用与绿地、广场相联系的地下空间作为防灾避难的补充空间。

最后，地下空间自身封闭性较强，地下空间应做好应急疏散设计，保障各类功能设施的安全间距与合理布局，加强地下空间的使用安全监督与管理。

综上，城市地下空间的开发利用，既要考虑到平时的商业因素，又要考虑到战时的特殊状况，建立高效的平战结合转换机制。要明确不同功能空间的平战转换关系，包括空间布局、出入口、人防配套与平时配套设施的兼顾配置、防火疏散等。

结构与功能相协同原则

明确地下功能的类型、所处地下的位置，做好预先的合理规划，可结合城市的实际情况实现二次规划。地下空间功能作为城市功能系统的重要补充，应综合考虑各类功能设施的地下空间适宜性与地区发展特点，采取差异化的布局模式。根据各类功能设施的地下空间适宜性，地下交通设施、地下市政设施、地下防灾减灾设施等基础设施可优先进行地下化建设。

各类设施分布位置合理，包括竖向及横向两个方面考虑。由于地下空间设施种类较多，在不同性质的用地及不同的深度层面，可以优先布置相应的设施，通常采用两种分布策略。

一是布局模式高效。这是统筹地下空间设施重要的一环，地下水库、地下发电站等“物使用设施”在地下空间中一般单独进行布置，设施之间关联度不大，因此布置以使用安全、便于维护为原则。“人使用设施”一般会集中布置并形成一定的连通。“人使用设施”中功能结合较为紧密的是地铁车站、地下步行道、地下商业、地下停车场四种设施，各个设施之间高效的布局模式和连通方式非常重要。

二是空间形态复合。主要有地铁、地下道路、市政管线的复合，地下商业设施与公共空间的复合，地下物流设施与市政设施的复合。

空间维度上体现在以下两方面。

一是不同功能地下空间在平面空间上的相对复合。如地铁、地下道路是提供人们日常出行的重要交通设施，市政管线维持着一个城市正常能源供给，在开发过程中这三种设施施工工期长，且在施工时需要对路段进行封闭施工，对人们日常生活影响较大，因此这三种设施的复合不仅能够节省工期与资金，也能够在后期维修时减小对地上的影响。

二是不同功能地下空间在垂直方向上的复合。如日本大阪梅田地区，在建筑群内部空间范围内实现了地上地下一体化的交通换乘模式，在地面层以公交客流、长途客流及出租客流为主，地下空间以停车客流和地铁客流为主。在交通枢纽的建设基础上，于地下、地上空间开发各类公共服务设施。其中地上部分还兼顾建设办公、酒店等公共设施，枢纽站区周边建设居住区与公园，多种城市功能空间聚集于此，与枢纽之间不存在明显的空间界限，形成了一种和谐统一的城市发展格局。

创新中国模式的“第四国土”

当下，随着城市化进程的加速，土地资源日益紧张，随之而来的“大城市病”、自然和人为灾害、气候和环境问题、能源匮乏窘境以及粮食与土地资源危机、粗放式发展困局，已成为影响未来城市可持续发展的重要挑战。随着世界格局的不断变化，地下空间的发展迫在眉睫。

作为人类生产关系中的重要组成部分，被称作“第四国土”的地下空间为拓展人类生存空间提供了新方式。从远古时期的洞居，到古代的各种地下建筑，再到近现代城市地下空间的兴起，地下空间的开发利用伴随了整个人类社会发展的全过程；地下空间在不同时期的发展特点及其价值，为我们提供了宝贵的经验教训。

地下空间以其独特的优势，在拓展城市空间、赋能城市更新、增强城市韧性等方面发挥着重要的作用。在增汇减排、绿色革命等方面取得的成效日益突出，对地下空间的利用，不仅可以释放新动能，还可以驱动国民经济倍速增长，成为城市高质量发展和城市现代化建设的加速器。

千百年来，人类从未停止对未来城市的探索与构想，从早期的平面状发展到中期的立体模式，再到未来的全息视角，城市发展理念不断迭代，相信未来全域空间的整合将进一步实现地上地下的高度融合。

放眼地球各圈层，其本身就构成了一个开放而又复杂的巨系统，最终在人类圈又归结为地上地下两个部分：地上构建了全域规划内容，地下形成了地质资源统筹。在这样的底层逻辑下，达到开发与保护相结合、地上与地下相协同、远期与近期相一致、结构与功能相遵循、平时与战时相连通的“五行格局”，真正实现地下空间的可持续发展。

未来，地下空间的开发将通过科技的驱动、政策的引领，呈现出异彩纷呈的“跨界合作”趋势，从而实现地下空间设计、建设、管理、运营的全智能化，无论是在居住、交通、市政、商业、文化、娱乐等领域，还是在绿色建筑、节能材料、循环经济、环境保护等方面，都会为人类提供更加丰富的体验和应用；无论是跨学科还是跨领域合作，终将促成未来地下空间开发利用的百花齐放格局，更加先进的技术与理念、更加多元的合作与交流、更加广阔的参与和探讨，通过不同维度，共同推动地下空间的可持续发展。

我国城市地下空间开发虽然晚于西方，但这些年取得了令人瞩目的成就。从早期的地下民防工程，到地下交通、市政设施、商业综合体等城市基础设施的不断完善，再到地下空间与城市发展的紧密结合，完成了从单一功能向多元发展的过渡，在不断缓解和治愈城市化给我们带来的挑战的同时，也构建了全新的、现代化的“第五季”城市。

回看当下，我国城市建设与发展迈入了新阶段，作为国家重要战略资源的城市地下空间，对其的科学开发利用，是顺应城市发展规律的合理抉择，是促进以人为核心的新型城镇化发展的重大战略，是实现新时代高质量发展和生态文明建设的客观要求。

我们确信，在中华民族伟大复兴的征程中，只要坚持人民城市人民建、人民城市为人民的发展理念，我国的城市建设一定会朝着更加宜居舒适、更加安全韧性、更加立体智能的方向发展；在“总体规划引领、地质调查先行”的开发原则下，我国的地下空间开发一定能形成引领全球发展的中国模式。

后记

这几年参加学术会议，基于自己的工作、研究和对地下空间的认知，我提出了“第四国土”的概念。后来在跟朋友的闲聊中，我也常常提及这一概念，并以讲故事的方式说明其发展的历史脉络和对经济社会发展的促进作用。也许因为与大家的切身利益相关，以及对城市停车难等“大城市病”的感同身受，所以他们听得津津有味、意犹未尽。于是，城市地下空间，大家日用而不知的“第四国土”，在我的朋友圈里日渐火了起来。

本书《第四国土——地下空间与未来城市》，回顾了从古代到近现代的城市地下空间发展历程；分析了我国地下空间开发利用存在的问题与不足；论证了地下空间与城市土地问题、环境问题、韧性问题的关系及其贡献；强调了科学合理开发地下空间的重要性；提出了“总体规划引领，地质调查先行”等开发理念。本书还特将地下空间的历史脉络与现实问题结合起来，阐明了地下空间对实现城市高质量发展的巨大价值，并进一步指出，地下空间的开发利用是社会进步和城市活力的重要标志。

在见诸报道的领导人讲话中，已对地下空间的开发利用发出了号召。习近平总书记今年在雄安新区考察时指出，交通是现代城市的血脉。血脉畅通，城市才能健康发展。要在建设立体化综合交通网络上下功夫，在充分利用地下空间上下功夫，着力打造一个没有“城市病”的未来之城，真正把高标准的城市规划蓝图变为高质量的城市发展现实画卷。

起心动念写这本书，也是因为一次喝茶聊天。我的好朋友刘华林说，把我讲的话用手机录下来并生成文字，就会是一本好书。在他的“怂恿”下，我开始了写作。但正如南宋诗人杨万里所说：“正入万山围子里，一山放过一山拦。”躬身入局才知道在写书路上有多少拦路虎。我很快就面临章节调整、通俗表达、数据升级、图表版权、案例更新、最新形势等诸多问题的挑战。但既然决定要写，那就一个一个问题解决吧！于是就有了“三更灯火五更鸡”的挑灯夜战，于是就有了大年初三的郑州碰头，于是就有了日常一次又一次的视频会议，于是就有了周末一场接着一场的学术研讨……

回首本书的策划、撰写、修订和出版全过程，我感动且自豪。我首先要感谢我的家人，他们无条件的信任和鼓励给了我巨大的动力！感谢国家行政学院出版社为本书的出版提供了强有力的技术支持！感谢振宁科技股份有限公司及其 Joining OS 技术平台提供的数据支持！感谢清华大学祝文君教授、北京清华同衡规划设计研究院城市公共安全规划研究所万汉斌所长提供的学术支持！还要感谢刘华林的“怂恿”和王莹的严要求，两股力量推动着我把这本书写了下来。他俩是本书的“首席品控官”，我有时甚至要“腹诽”他俩的严格。

在即将付梓之际，十四届全国政协常委、中国工程院杨华勇院士和北京清华同衡规划设计研究院袁昕院长专门为本书作了推荐序，殷殷之情，令我感佩！另外，本书还获得了中国工程院陈学东院士和谢玉洪院士的联袂推荐。三位院士，青眼相看，幸何如哉！在此一并致以谢忱！

在本书写作过程中，中国冶金地质总局一局城市安全与地下空间研究院贾开国副院长，中国冶金地质总局矿产资源研究院宋雨航、祁民、阎浩、芮民、张敏、张佳玉等同人，为这本专著的面世付出了艰辛的努力。借本书出版之际，向他们和所有关心、支持、帮助过我的朋友表示衷心的感谢！

我深知，本书还有很多不足之处，还需继续收集新材料，积累新见解，这只是个开始。热忱欢迎广大读者的批评指正！

作者

2023年6月

图书在版编目（CIP）数据

吞云吐雾：西方烟草使用史 /（英）贾森・休斯著；
石雨晴译 . — 贵阳：贵州人民出版社，2024.1
ISBN 978-7-221-17898-5

Ⅰ . ①吞… Ⅱ . ①贾… ②石… Ⅲ . ①烟草 – 文化史
– 西方国家 Ⅳ . ① TS4-091

中国国家版本馆 CIP 数据核字（2023）第 168669 号

著作权合同登记号：22-2023-101
Learning to Smoke: Tobacco Use in the West Licensed by The University of Chicago Press, Chicago, Illinois, U.S.A.

Tun Yun Tu Wu：Xi Fang Yan Cao Shi Yong Shi

吞云吐雾：西方烟草使用史

（英）贾森・休斯　著

出 版 人　朱文迅
策划编辑　汉唐阳光
责任编辑　唐　露
装帧设计　陆红强
责任印制　李　带
出版发行　贵州出版集团　贵州人民出版社
地　　址　贵阳市观山湖区中天会展城会展东路SOHO公寓A座
印　　刷　北京汇林印务有限公司
版　　次　2024 年 1 月第 1 版
印　　次　2024 年 1 月第 1 次印刷
开　　本　870mm × 1120mm　1/32
印　　张　11.5
字　　数　200 千字
书　　号　ISBN 978-7-221-17898-5
定　　价　68.00 元